Mantenimiento Electrónico

Fallos, pruebas, seguridad, esquemas, función, prácticas

ISBN: 9798393294304

Edición EMD

Índice

II. COMO UTILIZAR ESTE MANUAL

> Las instrucciones generales que a continuación se te pide que realices, tienen la intención de conducirte a que vincules las competencias requeridas por el mundo de trabajo con tu formación de profesional técnico.

> Redacta cuales serían tus objetivos personales al estudiar este módulo Autocontenido transversal.

> Analiza el Propósito del módulo autocontenido transversal que se indica al principio del manual y contesta la pregunta ¿Me queda claro hacia dónde me dirijo y qué es lo que voy a aprender a hacer al estudiar el contenido del manual? si no lo tienes claro pídele al PSP que te lo explique.

> Revisa el apartado especificaciones de evaluación son parte de los requisitos que debes cumplir para aprobar el módulo. En él se indican las evidencias que debes mostrar durante el estudio del curso – módulo autocontenido transversal para considerar que has alcanzado los resultados de aprendizaje de cada unidad.

> Es fundamental que antes de empezar a abordar los contenidos del manual tengas muy claros los conceptos que a continuación se mencionan: competencia laboral, unidad de competencia (básica, genéricas específicas), elementos de competencia, criterio de desempeño, campo de aplicación, evidencias de desempeño, evidencias de conocimiento, evidencias por producto, norma técnica de institución educativa, formación ocupacional, módulo ocupacional, unidad de aprendizaje, y resultado de aprendizaje. Si desconoces el significado de los componentes de la norma, te recomendamos que consultes el apartado glosario de términos, que encontrarás al final del manual.

> Analiza el apartado «Normas Técnicas de competencia laboral, Norma técnica de institución educativa».

- Revisa el Mapa curricular del módulo autocontenido transversal. Está diseñado para mostrarte esquemáticamente las unidades y los resultados de aprendizaje que te permitirán llegar a desarrollar paulatinamente las competencias laborales que requiere la ocupación para la cual te estás formando.

- Realiza la lectura del contenido de cada capítulo y las actividades de aprendizaje que se te recomiendan. Recuerda que en la educación basada en normas de competencia laborales la responsabilidad del aprendizaje es tuya, ya que eres el que desarrolla y orienta sus conocimientos y habilidades hacia el logro de algunas competencias en particular.

- En el desarrollo del contenido de cada capítulo, encontrarás ayudas visuales como las siguientes, haz lo que ellas te sugieren efectuar. Si no haces no aprendes, no desarrollas habilidades, y te será difícil realizar los ejercicios de evidencias de conocimientos y los de desempeño.

Imágenes de Referencia

Estudio individual	Investigación documental
Consulta con el PSP	Redacción de trabajo
Comparación de resultados con otros compañeros	Repetición del ejercicio
Trabajo en equipo	Sugerencias o notas
Realización del ejercicio	Resumen
Observación	Consideraciones sobre seguridad e higiene
Investigación de campo	Portafolios de evidencias

III. PROPÓSITO DEL MÓDULO AUTOCONTENIDO TRANSVERSAL

Al finalizar el módulo, el alumno realizará diagnósticos de falla a equipos electrónicos mediante el análisis de los síntomas que estos presenten, utilizando el equipo e instrumentos de medición y verificación conforme lo establecen los procedimientos técnicos del fabricante y de la normatividad vigente, cumpliendo además con las especificaciones de calidad desde el inicio hasta el final del proceso de mantenimiento.

Al mismo tiempo, estas competencias laborales y profesionales se complementarán con la incorporación de competencias básicas y competencias clave, que le permitan al alumno comprender los procesos productivos en los que está involucrado para enriquecerlos, transformarlos, resolver problemas, ejercer la toma de decisiones y desempeñarse en diferentes ambientes laborales, con una actitud creadora, crítica, responsable y propositiva; así como, lograr un desarrollo pleno de su potencial en los ámbitos personal y profesional y convivir de manera armónica con el medio ambiente y la sociedad.

IV. NORMAS DE COMPETENCIA LABORAL

Para que analices la relación que guardan las partes o componentes de la NTCL o NIE con el contenido del programa del módulo Autocontenido transversal de la carrera que cursas, te recomendamos consultarla a través de las siguientes opciones:

• Acércate con el PSP para que te permita revisar su programa de estudio del módulo Autocontenido transversal de la carrera que cursas,

para que consultes el apartado de la norma requerida.

• Visita la página WEB del CONOCER en www.conocer.org.mx en caso de que el programa de estudio del módulo Autocontenido transversal, esté diseñado con una NTCL.

• Consulta la página de Intranet del CONALEP http://intranet/ en caso de que el programa de estudio del módulo Autocontenido transversal esté diseñado con una NIE.

I. V. ESPECIFICACIONES DE EVALUACIÓN

Durante el desarrollo de las prácticas de ejercicio también se estará evaluando el desempeño. El PSP mediante la observación directa y con auxilio de una lista de cotejo confrontará el cumplimiento de los requisitos en la ejecución de las actividades y el tiempo real en que se realizó. En éstas quedarán registradas las evidencias de desempeño.

Las autoevaluaciones de conocimientos correspondientes a cada capítulo además

de ser un medio para reafirmar los conocimientos sobre los contenidos tratados, son también una forma de evaluar y recopilar evidencias de conocimiento.

Al término del módulo deberás presentar un Portafolios de Evidencias[1],

---

[1] 1El portafolios de evidencias es una compilación de documentos que le permiten al evaluador, valorar los conocimientos, las habilidades y las destrezas con que

el cual estará integrado por las listas de cotejo correspondientes a las prácticas de ejercicio, las autoevaluaciones de conocimientos que se encuentran al final de cada capítulo del manual y muestras de los trabajos realizados durante el desarrollo del módulo, con esto se facilitará la evaluación del aprendizaje para determinar que se ha obtenido la competencia laboral.

Deberás asentar datos básicos, tales como: nombre del alumno, fecha de evaluación, nombre y firma del evaluador y plan de evaluación.

---

cuenta el alumno, y a éste le permite organizar la documentación que integra los registros y productos de sus competencias previas y otros materiales que demuestran su dominio en una función específica (CONALEP. Metodología para el diseño e instrumentación de la educación y capacitación basada en competencias, Pág. 180).

1

CAUSA – EFECTO DE LAS FALLAS EN LOS EQUIPOS ELECTRÓNICOS.

VI. MAPA CURRICULAR DEL MÓDULO AUTOCONTENIDO TRANSVERSAL

Módulo

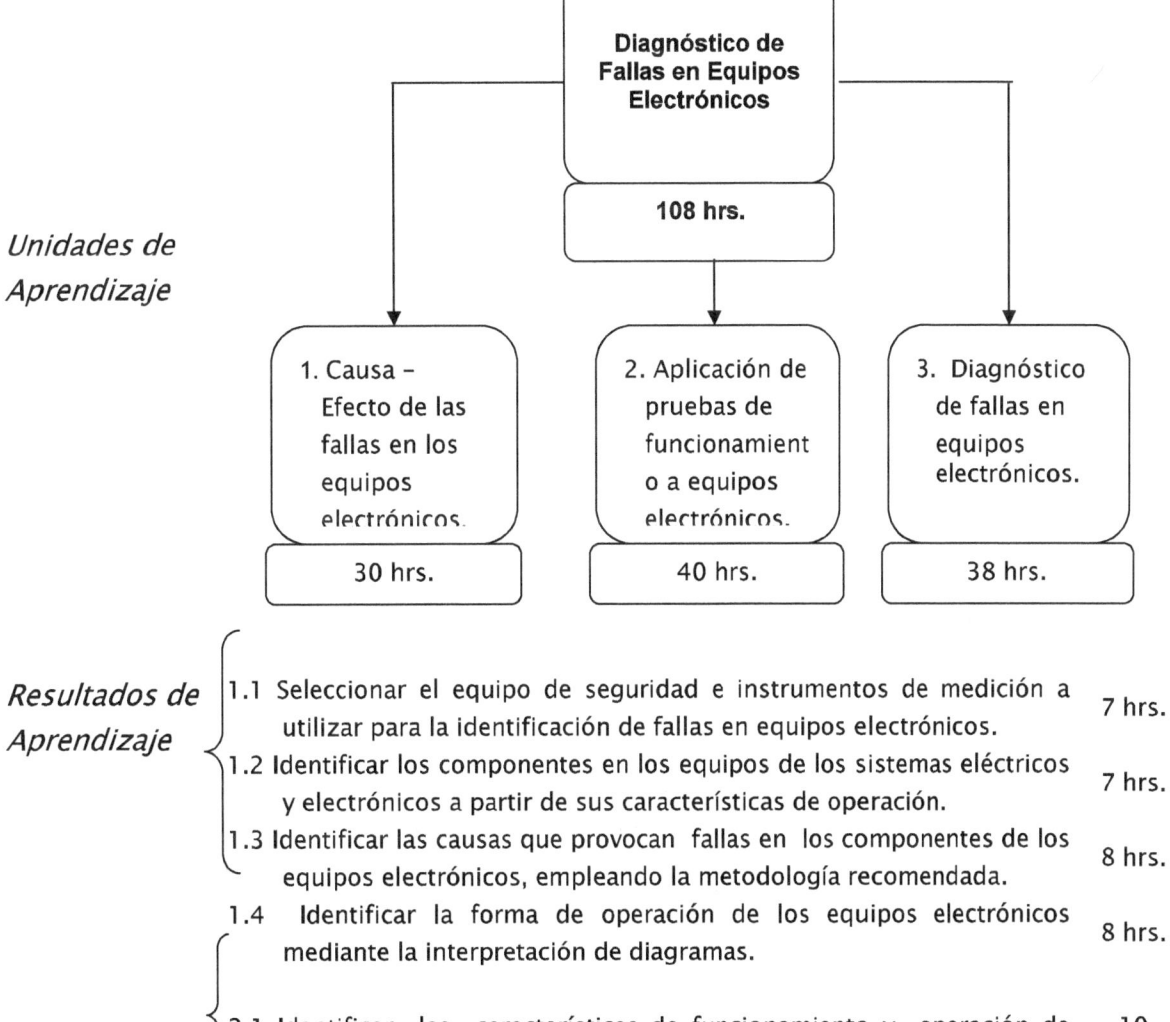

Unidades de Aprendizaje

Resultados de Aprendizaje

1.1 Seleccionar el equipo de seguridad e instrumentos de medición a utilizar para la identificación de fallas en equipos electrónicos. — 7 hrs.

1.2 Identificar los componentes en los equipos de los sistemas eléctricos y electrónicos a partir de sus características de operación. — 7 hrs.

1.3 Identificar las causas que provocan fallas en los componentes de los equipos electrónicos, empleando la metodología recomendada. — 8 hrs.

1.4 Identificar la forma de operación de los equipos electrónicos mediante la interpretación de diagramas. — 8 hrs.

2.1 Identificar las características de funcionamiento y operación de equipos electrónicos, empleando fichas técnicas y manuales. — 10 hrs.

2.2 Manejar instrumentos de medición y calibradores de procesos, para la verificación de los parámetros eléctricos de los equipos electrónicos. — 10 hrs.

MAPA CURRICULAR DE LA UNIDAD DE APRENDIZAJE

Módulo

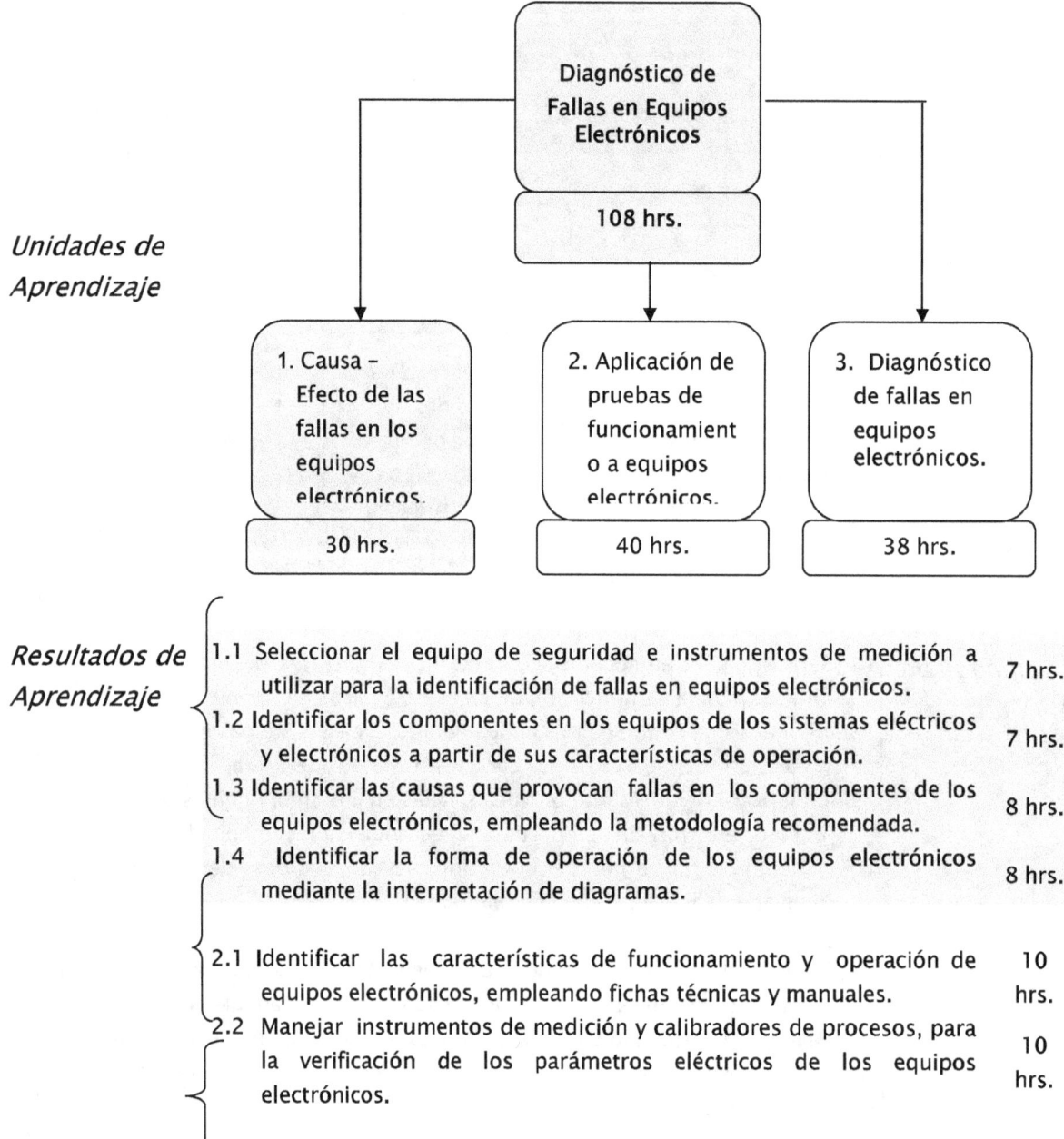

Unidades de Aprendizaje

Diagnóstico de Fallas en Equipos Electrónicos		
108 hrs.		
1. Causa – Efecto de las fallas en los equipos electrónicos.	2. Aplicación de pruebas de funcionamiento a equipos electrónicos.	3. Diagnóstico de fallas en equipos electrónicos.
30 hrs.	40 hrs.	38 hrs.

Resultados de Aprendizaje

1.1 Seleccionar el equipo de seguridad e instrumentos de medición a utilizar para la identificación de fallas en equipos electrónicos. — 7 hrs.

1.2 Identificar los componentes en los equipos de los sistemas eléctricos y electrónicos a partir de sus características de operación. — 7 hrs.

1.3 Identificar las causas que provocan fallas en los componentes de los equipos electrónicos, empleando la metodología recomendada. — 8 hrs.

1.4 Identificar la forma de operación de los equipos electrónicos mediante la interpretación de diagramas. — 8 hrs.

2.1 Identificar las características de funcionamiento y operación de equipos electrónicos, empleando fichas técnicas y manuales. — 10 hrs.

2.2 Manejar instrumentos de medición y calibradores de procesos, para la verificación de los parámetros eléctricos de los equipos electrónicos. — 10 hrs.

1. SELECCIONAR EL EQUIPO DE SEGURIDAD Y MEDICIÓN DE ACUERDO A LAS NECESIDADES DE IDENTIFICACIÓN DE FALLAS.

SUMARIO

- SEGURIDAD EN EL USO DE ENERGÍA ELÉCTRICA
- INSTRUMENTOS ELECTRÓNICOS DE MEDICIÓN
- CARACTERÍSTICAS DE LOS SISTEMAS ELÉCTRICOS Y ELECTRÓNICOS
- CARACTERÍSTICAS DE LOS EQUIPOS ELECTRÓNICOS
- FUNCIONAMIENTO TÍPICO DE FALLAS
- POSIBLES CAUSAS DE FALLA
- TIPOS DE FALLAS
- SIMBOLOGÍA Y DIAGRAMAS ELECTRÓNICOS
- DIAGRAMAS ELECTRÓNICOS

RESULTADO DE APRENDIZAJE

1.1 Seleccionar el equipo de seguridad e instrumentos de medición a utilizar para la identificación de fallas en equipos electrónicos.

1.1.1 SEGURIDAD EN EL USO DE LA ENERGÍA ELÉCTRICA.

- Importancia de la seguridad

El tema de la seguridad en el trabajo ha generado muchos esfuerzos para garantizarla: desarrollo de tratados sobre el tema, establecimiento de normas nacionales e internacionales, así como diseño de manuales para apoyar prácticas seguras en el uso de equipos, entre otras. No obstante, sus resultados son insuficientes frente a la enorme cantidad de accidentes laborales que se producen año con año en las empresas de todo el mundo.

De acuerdo con un estudio realizado por la Organización Internacional del Trabajo[2], se estima que al año se

---

[2] Takala, J ",La OIT estima se producen más de un millón de muertos en el trabajo cada año" ,15°Congreso Mundial sobre Salud y Seguridad en el Trabajo.

registran en todo el mundo alrededor de 250 millones de accidentes de trabajo y 160 millones de enfermedades profesionales, los cuales provocan el fallecimiento de 1'113 700 trabajadores. Esta cifra está por encima del promedio anual de decesos que provocan los accidentes de tránsito (999 mil muertes), e incluso al número de muertes que se deben a las guerras (en promedio, 502 mil muertes por año).

Con base en ese mismo trabajo, la OIT considera que si se hubieran aplicado las medidas de seguridad disponibles, se hubieran podido salvar alrededor de 600 mil vidas.

Asimismo, la OIT estima que la tasa de accidentes en América Latina puede ser entre dos y cuatro veces más alta que en los países industrializados, lo cual marca una gran diferencia en el nivel de seguridad que existe entre ambos grupos.

En México, el Instituto Mexicano del Seguro Social (IMSS) emitió en 1998 un reporte de datos estadísticos del que se retomaron las siguientes cifras[3]:

Número de trabajadores registrados en el Instituto Mexicano del Seguro Social	
Asegurados	11 447 694
Con accidentes de trabajo	328 434
Con accidentes de trayecto	77 222
Enfermedades de Trabajo	1 945
Total de días de incapacid	9 490 779
Total de incapac. permane	13 383

Accidentes ocurridos durante el trayecto del trabajador de su casa al centro de trabajo o viceversa.

Aunque estas cifras han disminuido en los últimos años, es indudable que siguen siendo alarmantes, sobre todo

---

[3] Instituto Mexicano del Seguro Social, "Resultados de los servicios de salud en el trabajo. Anuario 1998. México

si se toma en cuenta que muchos de ellos se deben al descuido con que se llevan a cabo los trabajos o a la negligencia en las condiciones bajo las cuales se realizan.

A la pérdida de vidas humanas se agregan los costos millonarios que representen los daños materiales sobre los equipos e instalaciones.

Ahora bien, y aunque la seguridad en el trabajo depende tanto del trabajador como de las condiciones en que las que lo realiza y, por lo tanto, no sólo le involucra a él, es indispensable asumir la responsabilidad individual siempre que se lleva a cabo un trabajo, sea dentro de una empresa o como trabajador independiente. Es fundamental tomar conciencia de las medidas de seguridad que deben seguirse de acuerdo con la labor a realizar y contribuir así a que las cosas funcionen bien en el conjunto.

En el caso particular de la energía eléctrica, y a pesar de que ésta es la forma de energía más utilizada en el mundo, es indudable que de no tomar las precauciones debidas pueden producirse siniestros de enorme magnitud, tanto en las instalaciones como en las personas.

PARA CONTEXTUALIZAR CON:

Investigación documental

Competencia lógica

Desarrollar el razonamiento y la habilidad de observación con sentido crítico y capacidad analítica

- Investiga en Internet qué cantidad de los accidentes de trabajo que ocurren anualmente en México y en cada entidad se deben a un mal manejo de la electricidad.

- Elabora un cuadro con los datos principales y grafícalos.

- Plantea por escrito 5 conclusiones al respecto y exponlas al grupo.

- Un breve recordatorio sobre el tema de la electricidad

Para que las medidas de seguridad tengan más sentido y se puedan tomar decisiones al respecto, es conveniente hacer un breve repaso sobre el tema de la electricidad.

La electricidad y los fenómenos relacionados con ella se explican a partir de los átomos y especialmente de los electrones: los efectos eléctricos obedecen al desplazamiento de electrones de un lugar a otro.

El átomo, está constituido por un núcleo en el que hay neutrones (partículas con carga positiva) y neutrones, así como por una serie de partículas con carga negativa (los electrones) que giran en órbitas alrededor de él.

Los electrones giran en órbitas definidas debido a la fuerza de atracción que ejerce el núcleo sobre ellos; los electrones que son atraídos con más fuerza se encuentran más cerca del núcleo, en tanto que los que están en la periferia pueden ser "sacados" de sus órbitas con más facilidad.

Cuando los átomos se encuentran en estado natural y en equilibrio, constituyen sistemas eléctricamente neutros porque tienen igual número de protones y de electrones, pero cuando un átomo pierde un electrón y éste pasa a otro átomo, entonces se da un desplazamiento de electrones y se produce la corriente eléctrica.

En la naturaleza hay elementos que pierden fácilmente sus electrones como el cobre, aluminio, plata y metales en general, y otros cuyos electrones están fuertemente unidos al núcleo, tales como la madera seca, el vidrio, los plásticos, etc.

Los materiales conocidos como buenos conductores de la corriente eléctrica son los que poseen muchos electrones libres.

¿Qué hacer para que se produzca el movimiento de electrones a través de un material? Debe haber alguna presión que genere dicho movimiento, en el caso de la electricidad manipulada por el Hombre, esa presión se conoce como voltaje, tensión o diferencia de potencial.

Pero para lograrlo también debe tenerse en cuenta que a todo movimiento se opone una fuerza que la mantiene en reposo, es decir, que existe una resistencia eléctrica que es mayor en materiales cuyos electrones están ligados con más fuerza al núcleo y que por ello se utilizan como materiales aislantes.

Para cerrar esta primera parte del repaso, cabe decir que si bien el voltaje produce el movimiento y la resistencia eléctrica se opone a él, es indispensable saber también cuántos electrones se movilizarán para vencer esa resistencia; esta magnitud se conoce como intensidad de la corriente o corriente eléctrica, e indica la cantidad de electrones que circulan por el material. Este tipo de electricidad es la más conocida, llamada también electricidad dinámica o en movimiento.

Un segundo tipo de electricidad, al que normalmente no se le da la importancia debida es la electricidad estática; los accidentes ocasionados por la corriente estática son tanto, o más frecuentes, que los producidos por la electricidad industrial.

La electricidad estática o en reposo se conoce también como electricidad de fricción, ya que ésta es la forma más conocida en que se produce, aunque también puede generarse mediante compresión, fragmentación y variación de temperatura, entre otras.

En efecto, la electricidad estática se produce cuando dos cuerpos se rozan o se frotan pues uno de ellos queda con una carga eléctrica positiva y el otro con una carga eléctrica negativa. Dichas cargas permanecen en las superficies externas de los cuerpos a menos que se pongan nuevamente en contacto o se les acerque a cuerpos de menor carga o sin ella, porque entonces la carga eléctrica pasará de un cuerpo al otro con el fin de ser neutralizada o variar su cantidad.

Por supuesto, si un cuerpo acumula suficiente carga puede romper el dieléctrico y convertir a un material aislante en conductor, pudiendo producir una chispa o carga electroestática.

Esta descarga o chispa es la que se observa cuando en la noche nos sacamos las ropas de fibras sintéticas, o cuando hay una tempestad y las nubes se descargan eléctricamente a tierra a través de la atmósfera (relámpago).

La lógica que se ha venido planteando deja ver con claridad por qué precisamente son los materiales aislantes los que están más expuestos a adquirir potenciales estáticos y almacenarlos en su superficie, y por qué en cambio los conductores son utilizados para neutralizar las cargas estáticas.

En virtud de que la electricidad estática se produce por el roce, cualquier equipo que tenga partes o piezas en movimiento puede generarlas, así como los hidrocarburos se cargan de electricidad estática con sólo ponerlos en movimiento, ya sea al trasladarlos por un oleoducto o simplemente al trasvasarlos de un recipiente a otro.

- **Las reglas de Seguridad**

Con base en estos principios, y considerando los enorme riesgos que conlleva manejar equipos o instalaciones eléctricas, es indispensable revisar cada una de las siguientes recomendaciones, reflexionar sobre su racionalidad y ponerlas en práctica siempre que se realicen actividades en las que se entre en contacto con la electricidad

La distribución y condiciones para el manejo del equipo

Recomendaciones generales

- Toda instalación, conductor o cable eléctrico debe considerarse conectado y en tensión. Antes de trabajar sobre los mismos deberá comprobarse la ausencia de corriente con el equipo adecuado.

- Nunca deberán manipularse elementos eléctricos con las manos mojadas, en ambientes húmedos o mojados accidentalmente (labores de limpieza, instalaciones a la intemperie, etc.), y tampoco si no se cuenta con los equipos de protección personal necesarios. Cuando el trabajo en ese tipo de zonas sea inevitable, únicamente deberá hacerse uso de aparatos eléctricos portátiles con tensión de seguridad (no mayores de 24 voltios).

- No se deberán alterar ni retirar las puestas a tierra ni los aislamientos de las partes activas de los diferentes equipos, instalaciones y sistemas.

- Deberá evitarse en la medida de lo posible la utilización de enchufes múltiples para evitar la sobrecarga de la instalación eléctrica. Nunca se improvisarán empalmes ni conexiones.

- No se hará uso de cables-alargadera sin conductor de protección para la alimentación de receptores con toma de tierra. En todo caso, deberá evitarse el paso de personas o equipos por encima de los cables para evitar tropiezos, sin olvidar el riesgo que supone el deterioro del aislante.

- Antes de desconectar un equipo o máquina será necesario apagarlo haciendo uso del interruptor.

- Los cables de alimentación eléctrica deberán contar con una clavija normalizada para su conexión a una toma de corriente. Para proceder a su desconexión será necesario tomar la clavija directamente, sin tirar nunca del cable.

- Las clavijas y bases de enchufes deberán asegurar que las partes en tensión sean inaccesibles cuando la clavija esté total o parcialmente introducida.

- Todo equipo eléctrico con tensión superior a la de seguridad (24 voltios), o que carezca de doble aislamiento, deberá estar unido o conectado a tierra, y en todo caso deberá tener protección mediante el interruptor diferencial, debiendo comprobarse periódicamente el correcto funcionamiento de dichas protecciones.

- Se deberá prestar especial atención a los calentamientos anormales de los equipos e instalaciones eléctricas (cables, motores, armarios, etc.), así como a los cosquilleos o chispazos provocados por los mismos. En estos casos será necesaria su inmediata desconexión y posterior notificación, colocando el equipo en lugar seguro y señalizando su estado hasta ser revisado.

- En ningún caso se deberán llevar a cabo trabajos eléctricos sin estar capacitado y autorizado para ello. La instalación, modificación y reparación de las instalaciones y equipos eléctricos, así como el acceso a los mismos, es competencia exclusiva del personal de mantenimiento, que los llevará a cabo en todo caso haciendo uso de los elementos de protección precisos.

Las Cinco Reglas de Oro

Se les denomina así porque de alguna manera son las reglas más importantes para garantizar la seguridad personal cuando se llevan a cabo maniobras con corriente eléctrica; en ese sentido, es muy importante aprenderlas y, sobre todo, aplicarlas siempre que se realice un trabajo de ese tipo.

1. Desconexión total de las fuentes en tensión

La parte de la instalación en la que se va a realizar el trabajo debe aislarse de todas las fuentes de alimentación. El aislamiento estará garantizado por la existencia de una distancia suficiente o por la interposición de un aislante.

2. Prevenir una posible realimentación

Los dispositivos de maniobra utilizados para desconectar la instalación deben asegurarse contra cualquier posible reconexión, preferentemente por bloqueo del mecanismo de maniobra, debiendo colocarse además la señalización oportuna para impedir su modificación.

3. Verificar la ausencia de tensión

La ausencia de tensión deberá verificarse en todos los elementos activos de la instalación eléctrica, lo más cerca posible de la zona de trabajo o sobre ella misma cuando esto sea posible (utilizando dispositivos que actúen directamente sobre los conductores cuando estos sean aislados). En los trabajos en alta tensión, el correcto funcionamiento de los dispositivos de verificación deberá comprobarse antes y después de cada uso.

4. Poner a tierra y en cortocircuito las fuentes de tensión

Las partes de la instalación donde se vaya a trabajar deben ponerse a tierra y en cortocircuito. Los dispositivos necesarios deberán conectarse en primer lugar a la toma de tierra y a continuación a los elementos cuya puesta a tierra sea necesaria. Estos elementos se colocarán cercanos a la zona de trabajo y se tomarán precauciones para asegurar que permanezcan conectados durante el desarrollo del mismo.

5. Proteger las partes próximas en tensión y señalizar la zona

Cuando existan elementos en tensión próximos a la zona de trabajo, deberán adoptarse las medidas de protección necesarias que impidan un posible contacto eléctrico. En todos los casos se instalará una señalización clara y visible en torno a la zona de peligro.

Para resumir, en la siguiente secuencia de imágenes se puede ver de manera esquemática la aplicación de estas 5 reglas de oro para llevar a cabo trabajos eléctricos " sin tensión".

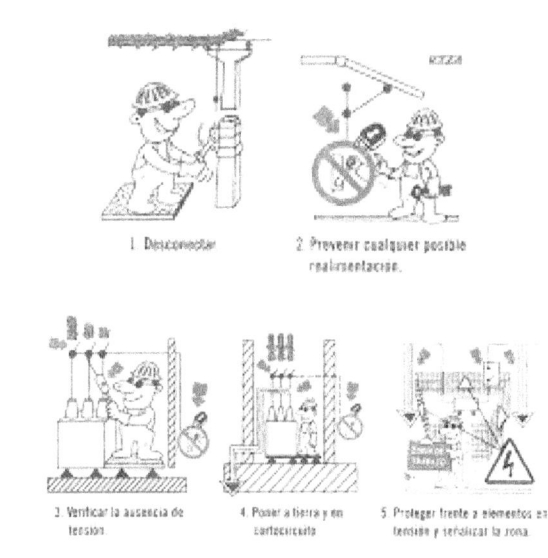

1. Desconectar. 2. Prevenir cualquier posible realimentación.

3. Verificar la ausencia de tensión 4. Poner a tierra y en cortocircuito 5. Proteger frente a elementos en tensión y señalizar la zona

Trabajo en equipo

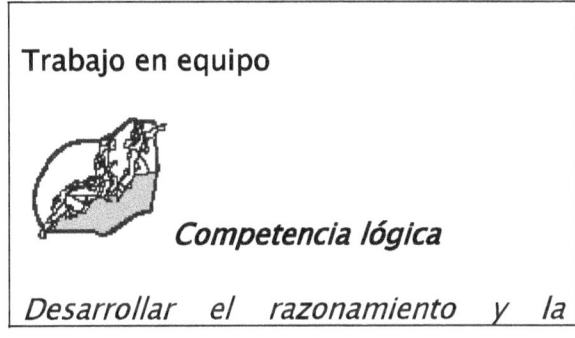

Competencia lógica

Desarrollar el razonamiento y la

habilidad de observación con sentido crítico y capacidad analítica.

- Con base en los resultados de la actividad anterior, reúnete con otros compañeros para integrar un equipo en el que cada uno presente sus resultados y conclusiones

- Analícenlas y planteen las 5 recomendaciones que consideran más importantes para disminuir los accidentes causados por el inadecuado manejo de la electricidad.

- Elaboren una lámina o cartel para sensibilizar a la comunidad del plantel y colóquenlo en alguno de los talleres o en un lugar visible.

Trabajo en equipo

Competencia para la vida

Identificarlas recomendaciones de higiene y seguridad que deben observarse cuando se trabaja con corriente eléctrica.

- Con base en las recomendaciones para la seguridad en el manejo de equipos e instalaciones eléctricas que aparecen en este manual, elabora junto con tus compañeros de equipo, una lista con las actividades que deben realizar siempre que estén en contacto con equipos e instalaciones eléctricas

- Organicen una dinámica mediante la cual todos las aprendan

- Demuestren que las dominan.

El código OSHA

La *Occupational Safety and Health Administration* –OSHA por sus siglas en inglés– es la Administración de Seguridad y Salud Ocupacional de los Estados Unidos. Es una entidad creada en 1970, bajo la dirección del Departamento de Trabajo de los Estados Unidos. Su misión es la protección de la seguridad de los trabajadores en la Unión Americana. Para ello, OSHA establece estándares de seguridad en las diversas ramas de la actividad industrial y no-industrial presentes en el entorno laboral de ese país.

Dado su papel para la salvaguarda de las condiciones óptimas de seguridad de los trabajadores, OSHA elabora códigos que plantean los requisitos que debe tener cualquier tipo de actividad laboral llevada a cabo en los Estados Unidos, y también se encarga de verificar su cumplimiento mediante los mecanismos administrativos destinados para ello.

En el rubro de las actividades desarrolladas en el ámbito laboral OSHA ha establecido estándares de seguridad aplicables a diversas ramas de la industria, los cuales se elaboran y revisan con base en el tipo de riesgos que pueden presentarse en las diversas áreas laborales en Estados Unidos. Dichos estándares permiten que OSHA cuente con una lista actualizada de las medidas que deben cumplirse en los sitios de trabajo, para garantizar el mínimo de riesgos y la máxima seguridad posible de los elementos que participan en el sistema de trabajo.

PARA CONRTECTUALIZAR CON:

Trabajo en equipo

Competencia analítica

Identificar las recomendaciones de higiene y seguridad aplicables

- Organízate junto con tus compañeros de equipo para consultar la página www.ohsa.gov y busquen las normas correspondientes a la seguridad laboral en el manejo de la electricidad

- Analícenlas y planteen qué parte de esas normas sería importante incluir en las recomendaciones que se expusieron en este manual, si consideran que sería viable su implementación en zona industrial de su región o no y por qué.

- Elaboren una lámina con sus conclusiones y discútanlas con los compañeros de otros equipos.

Valores preferentes:120/240 V; 220Y/127 V; 480Y/277 V; 480 V

Valor de uso restringido: 2400 V

Valor congelado: 440 V

- **Valores nominales de la corriente**

<u>Tensiones eléctricas</u>

De acuerdo con la Norma Oficial Mexicana, las tensiones eléctricas consideradas deben ser aquéllas a las que funcionan los circuitos. La tensión eléctrica nominal de un equipo eléctrico no debe ser inferior a la tensión nominal del circuito al que está conectado.

La tensión eléctrica nominal es el valor asignado a un sistema, a parte de un sistema, a un equipo, o a cualquier otro elemento, y al cual se refieren ciertas características de operación o comportamiento de éstos.

La tensión eléctrica nominal del sistema, es el valor asignado a un sistema eléctrico.

Los valores de las tensiones normalizadas más usuales son:

La tensión eléctrica nominal de un sistema es el valor cercano al nivel de tensión al cual opera normalmente el sistema, ya que debido a contingencias de operación, el sistema opera generalmente 10% por debajo de la tensión eléctrica nominal del sistema, es decir, por debajo de de la tensión para la cual están diseñados los componentes del sistema.

La tensión eléctrica nominal de utilización, es el valor para determinados equipos de utilización del sistema eléctrico. Los valores de tensión eléctrica de utilización son:

Valor preferente: 460 V

Valores en baja tensión: 115/230 V; 208Y/120 V; 460Y/265

- **Efectos fisiológicos de la corriente eléctrica**

Cuando se realizan actividades con equipos o instalaciones eléctricas y no se tienen las debidas precauciones, se corren riesgos muy elevados para la salud y la vida de las personas. Estos riesgos, conocidos como riesgos eléctricos, incluyen:

Choque eléctrico por contacto directo o indirecto

Quemaduras por choque o arco eléctrico

Caídas o golpes como consecuencia de choque o arco eléctrico

Incendios o explosiones originados por la electricidad

Los fenómenos fisiológicos que produce el paso de la corriente eléctrica en el organismo dependen de la intensidad de la corriente y pueden provocar daños graves e irreversibles, incluso, la muerte. Y tanto la alta como la baja tensión tienen efectos nocivos para la salud: por ejemplo, la corriente eléctrica de baja tensión puede provocar la muerte por fibrilación ventricular, mientras que la de alta tensión lo puede hacer por la destrucción de los órganos o por asfixia.

En el caso de la fibrilación ventricular, el paso de la corriente eléctrica por el corazón provoca la falta de coordinación en los movimientos de las fibras musculares cardíacas, haciendo difícil que la sangre oxigenada circule y llegue al cerebro. Evidentemente, esto provoca lesiones cerebrobulbares graves.

Las lesiones encefálicas, el bloqueo de la epiglotis, el laringoespasmo, el espasmo coronario y el shock global, son algunos otros trastornos provocados por la intensidad de la corriente eléctrica o por su trayecto dentro del cuerpo.

Desde luego, los efectos fisiológicos de la corriente eléctrica varían en función de la intensidad de la misma y del tiempo durante el cual se mantenga en contacto con la persona.

Para ejemplificar dicha relación, en la siguiente gráfica se puede ver cómo para un tiempo de exposición constante (75 ms), la probabilidad de que se provoque fibrilación aumenta conforme se incrementa la intensidad de la corriente (p=5% con 1,000mA y p=50% con 1,800 mA). Esto nos alerta sobre la rapidez con que se debe interrumpir el paso de corriente por el organismo.

En ese mismo sentido es importante conocer cuáles son los valores máximos de intensidad y tiempo a los que puede estar expuesta una persona:

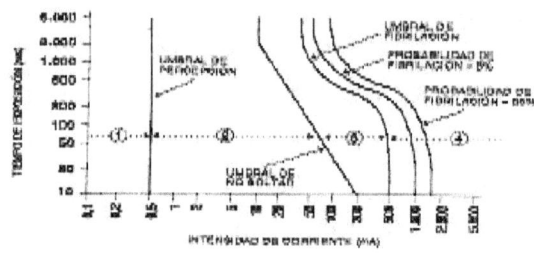

Para tiempos inferiores a 150 milisegundos no hay riesgo, siempre que la intensidad no supere los 300 mA.

Para tiempos superiores a 150 milisegundos no hay riesgo, siempre que la intensidad no supere los 30 mA.

Aunque la intensidad de la corriente eléctrica y el tiempo de exposición son dos factores fundamentales para explicar los daños producidos por los accidentes eléctricos, también debe considerarse el valor de la tensión, el valor de la resistencia óhmica que presente el organismo, la trayectoria

que siga la corriente por el cuerpo, la naturaleza de la corriente, el valor de la frecuencia en el caso de corrientes alternas y la capacidad de reacción del organismo.

De todos estos factores es conveniente destacar tres: el valor de la intensidad de la corriente; el valor de la resistencia óhmica del organismo y el valor del tiempo de paso de la corriente eléctrica.

Valor de la intensidad de la corriente eléctrica

Se suele llamar también "umbral absoluto de intensidad"; el umbral es el límite y en este caso representa la máxima intensidad de corriente eléctrica que puede soportar una persona sin peligro, independientemente del tiempo que dure su exposición a la corriente. Su valor ha sido establecido para la corriente eléctrica alterna de frecuencia 50 Hz, entre 10 y 30 mA., según el sexo y la edad de las personas

Valor de la resistencia óhmica del organismo

Diversos estudios experimentales demuestran que la impedancia del cuerpo humano es siempre resistiva pura; por ello, se ha_comprobado que para corrientes alternas cuyas frecuencias sean superiores a 10 kHz., el único efecto sobre el organismo es el calentamiento de los tejidos por los que pasa la corriente.

Para las corrientes de baja tensión, el comportamiento de los dipolos del cuerpo humano es aproximadamente lineal. El valor de la resistencia de cada uno de ellos depende de diversas circunstancias pero la más importante es la humedad de la piel, que llega a valores de 100.000 ohmios cuando está seca o desciende considerablemente en estado de humedad.

Tiempo de paso de la corriente eléctrica

También se denomina "umbral absoluto de tiempo" y representa el tiempo límite o tiempo máximo durante el cual una persona puede soportar sin peligro el paso de corriente eléctrica de baja tensión, de cualquier intensidad, por su cuerpo.

Al respecto cabe señalar que la fibrilación ventricular es, de entre todos los efectos graves que origina la corriente eléctrica en el cuerpo humano, el que necesita menos tiempo para producirse. Sin embargo, no se produce si dicho tiempo es del orden de 0,025 segundos o inferior.

Casualmente, la duración del período de la corriente eléctrica de 50 Hz., es de 0.020 segundos, por lo que ese valor se considerará como el "umbral absoluto de tiempos".

PARA CONTEXTUALIZAR CON:

Sugerencias o notas

 *Competencia científico-teórica*

Aplicación de los conceptos básicos de electricidad

No obstante que por los propósitos de este Manual únicamente se abordan los efectos fisiológicos negativos de la corriente eléctrica, también es muy interesante conocer y analizar sus beneficios en el

---

manejo de alteraciones cardiovasculares y respiratorias, en control del dolor o en los problemas relacionados con la náusea y el vómito, entre otros.

- Investiga en alguna de las siguientes direcciones electrónicas, o en otras similares, por qué y cómo ayuda el uso de la electricidad a resolver algún problema de salud www.scare.org.co; www.fepafem.org.ve.

- Elabora un diagrama con un texto en el que expliques cómo y por qué ocurre esto

- Comenta tus resultados con los de otros compañeros

Comparación de resultados con otros compañeros

 *Competencia científico-teórica*

Utilizar correctamente los conceptos básicos de electricidad y electrónica

- Investiga cómo funcionan las "Maquinitas para choques" que ofrecen en ferias o mercados de nuestro país. Registra cuáles son los valores de la corriente y durante cuánto tiempo se exponen las personas al contacto con los cables

- Con base en la información sobre los efectos fisiológicos de la corriente eléctrica analiza los datos que obtengas y determina si existen riesgos para quienes las usan o no y por qué

- Compara tus resultados con los de otros compañeros y argumenta tu explicación apoyándote en los conceptos revisados en este primer tema.

- **Protocolos para el manejo de la corriente eléctrica**

Un protocolo es la "descripción técnica de un estándar, incluyendo las reglas de diseño y funcionamiento"[4]. En ese sentido, esta sección describen los dos principales estándares utilizados cuando se trabaja con la corriente eléctrica: sistemas de alta tensión y sistemas de baja tensión.

Los sistemas eléctricos de alta tensión

Se conocen como sistemas de alta tensión aquéllos en los que se utilizan tensiones alternas de valor efectivo superior a 1,000 V, o bien que tienen tensiones continuas superiores a 1500 V.

Normalmente las instalaciones de alta tensión son de corriente alterna trifásica y la tensión de las mismas se refiere al valor de su tensión de línea (tensión eficaz entre cada dos de los tres conductores de fase).

Los sistemas eléctricos de alta tensión se utilizan fundamentalmente cuando se manejan potencias elevadas y se quiere reducir las intensidades.

Por ello es común encontrar sistemas de alta tensión en la generación de energía eléctrica, en el transporte de

energía a cientos de kilómetros (líneas de 400 kV, 220 kV, 132 kV.), en la distribución de energía en áreas de decenas de km2 (líneas de 66 kV, 45 kV, 15 kV), así como en algunos sistemas de alimentación (habitualmente cuando la potencia supera los 500 kW).

¿Qué es la corriente alterna trifásica?

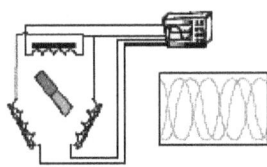

Como ilustra la figura, la corriente trifásica es un tipo de corriente que se genera mediante alternadores dotados de tres bobinas o grupos de bobinas, los cuales se encuentran arrolladas sobre tres sistemas de piezas polares equidistantes entre sí. El retorno de cada uno de estos circuitos o fases se acopla en un punto, denominado neutro, donde la suma de las tres corrientes es cero, con lo cual el transporte puede ser efectuado usando solamente tres cables.

Cabe mencionar que el sistema trifásico es el más usado de los

---

[4] www.red.es/glosario/glosariop.html, 2 de marzo de 2006.

distintos tipos de sistemas polifásicos de generación de energía eléctrica.

Cuando se necesita suministro de una sola fase –como ocurre con el suministro doméstico– y la red de distribución es trifásica, entonces ésta consta de cuatro conductores, uno por cada fase y otro para el neutro. Con este mecanismo, la conexión de los distintos hogares se puede repartir entre las tres fases, cuidando siempre que las cargas de cada una de ellas queden lo más equilibradas o igualadas con el resto cuando se conectan simultáneamente.

Por razones de seguridad, es común que a este tipo de mecanismos se les conecte un quinto hilo entre el interruptor principal o caja de fusibles del edificio y los aparatos eléctricos en el interior de cada hogar, este hilo es conocido como hilo de tierra. El hilo de tierra es conectado a una barra o pica de cobre clavada en el suelo en un lugar donde pueda ser humedecida convenientemente a fin de facilitar el mejor contacto con el terreno circundante.

Variación de la tensión en la corriente alterna trifásica

Aunque la potencia de la corriente alterna (CA) fluctúa, esto no representa un problema para el uso doméstico de electricidad, pero para el funcionamiento de motores u otro tipo de equipos sí es preferible que la potencia de la corriente sea constante.

De hecho, es posible obtener una potencia constante de un sistema de corriente alterna teniendo tres líneas de alta tensión con corriente alterna funcionando en paralelo, en el que –tal y como se observa en la gráfica– la corriente de fase está desplazada 1/3 de ciclo, por eso, la curva roja se desplaza un tercio de ciclo detrás de la curva azul, y la curva amarilla está desplazada dos tercios de ciclo respecto de la curva azul.

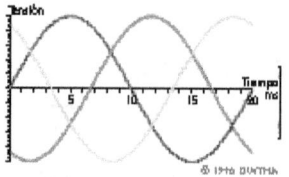

La imagen permite comprobar visualmente cómo para cualquier punto que se encuentre a lo largo del eje horizontal la suma de las tres tensiones siempre será igual a cero, y que la diferencia de tensión entre dos fases cualesquiera fluctuará como una corriente alterna.

Por último, vale la pena insistir en que las instalaciones de alta tensión implican riesgos para la salud y la vida de quienes trabajan con ellas, y que sólo deben realizarlos las personas que cuenten con la preparación técnica suficiente para hacerlo; por ejemplo, deben ser capaces de aplicar correctamente los siguientes métodos de trabajo en instalaciones de alta tensión.

Los sistemas eléctricos en baja tensión

Se denomina así a los sistemas eléctricos en los que se utilizan tensiones alternas de valor efectivo entre 50 V y 1000 V, o tensiones continuas entre 75 V y 1500 V.

Los sistemas eléctricos de baja tensión se utilizan fundamentalmente para la conversión de la energía eléctrica en otra forma de energía, porque la gran mayoría de receptores eléctricos están diseñados para el funcionamiento a baja tensión.

Todas las instalaciones de baja tensión se alimentan con corriente alterna, habitualmente a tensiones eficaces de 110 V las monofásicas, y de 380 V (tensión de línea) las trifásicas.

Sin embargo, también puede ser que parte de las instalaciones utilicen corriente continua u otro tipo de corrientes cuyas ondas tengan formas especiales que sirven a fines específicos como el control de motores u otros receptores.

Las instalaciones receptoras de los consumidores de energía eléctrica son de baja tensión, salvo excepciones tales como los motores de más de 500 kW.

Normalmente, este tipo de instalaciones son trifásicas cuando su potencia supera los 15 kW, o cuando tiene receptores trifásicos aunque su potencia sea menor. Las instalaciones eléctricas domésticas suelen ser monofásicas, a menos que tengan algún receptor trifásico como pueden ser los equipos de aire acondicionado de cierta potencia.

Equipo de seguridad

Un recurso fundamental para evitar los riesgos en el manejo de la corriente eléctrica es el uso de equipo de seguridad tanto para las personas como para los equipos.

- El equipo de protección personal.

Cuando se llevan a cabo trabajos en el campo de la electricidad, hay una serie de equipos de protección personal que deben ser utilizados para disminuir los riesgos de un accidente. Dichos equipos han sido diseñados para proteger la cabeza, los ojos, los pies, las manos y el cuerpo en general; a continuación se describen sus principales características y se hacen algunas recomendaciones para su uso.

a) Protectores de la cabeza

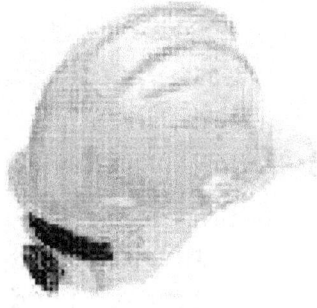

Su primera función es proteger la cabeza contra el impacto de objetos que pudieran golpearla. Deben estar constituidos de, al menos, dos partes: un armazón y un arnés.

Este equipo fue concebido para absorber la energía producida por un golpe, lo que puede dar por resultado la destrucción parcial del protector o la descompostura del mismo.

La absorción de energía siempre produce algún efecto en el equipo, así que aún cuando los daños no sean visibles, siempre que un protector de este tipo haya recibido un golpe fuerte debe ser sustituido por otro.

La segunda función de los cascos es la de proporcionar aislamiento eléctrico al usuario durante un corto período de tiempo, de tal manera que esté protegido contra contactos accidentales con conductores eléctricos activos, por lo general con un voltaje hasta de 440 VAC.

Para saber con precisión cuál es el nivel máximo aislamiento eléctrico que tiene un casco en particular es conveniente remitirse a las especificaciones del fabricante sobre la seguridad que ofrece el equipo. Algunos cascos pueden proporcionar un aislamiento de hasta 1000 VAC.

La primera recomendación para que el casco realmente proteja es que se ajuste perfectamente a la talla de la cabeza del usuario.

Por otra parte, no debe olvidarse que es riesgoso eliminar elementos originales del casco, o agregar otros, sin seguir las recomendaciones del fabricante, ya que dichos ajustes pudieran afectar las propiedades del diseño y poner en peligro a quien lo use.

En este mismo sentido, no se les debe poner pintura, disolventes, adhesivos o etiquetas auto-adhesivas, sin consultar las instrucciones del fabricante

b) Protectores de los ojos

Los protectores oculares y los filtros para la vista están destinados a proteger a la persona durante el desarrollo de actividades en las que existan radiaciones ionizantes, riesgos eléctricos o cuando se encuentren en ambientes calurosos de altas temperaturas (superiores a 100°C).

Es indispensable usar protectores tipo careta y pantallas faciales para protección contra el arco eléctrico y cortocircuitos

c) Protectores de las manos

Los guantes y manoplas de protección contra riesgos eléctricos, también forman parte del equipo de protección personal que debe utilizarse cuando se maneja energía eléctrica.

Los guantes y manoplas de material aislante se clasifican por su clase y por sus propiedades especiales, de la siguiente manera:

d) Protección de los pies

Para cualquier trabajo que involucre equipos o instalaciones eléctricas tanto de baja como de alta tensión, es obligatorio usar calzado de protección. Por sus características debe ofrecer una resistencia entre 100 kW y 1000 MW en las condiciones previstas de ensayo de paso de la corriente eléctrica.

e) Ropa de protección

Está confeccionada con cuero curtido u otro material de características ignífugas similares y carece de elementos metálicos.

Debe usarse siempre que haya maniobras con riesgo de formación de arcos eléctricos, como puede ocurrir durante el manejo de equipo de alta tensión y manejo de aparatos de soldadura, así como en actividades con seccionadores o interruptores con contactos al aire libre, durante la colocación de equipos de puesta a tierra, etcétera.

f) Banquetas aislantes

Como parte de los recursos de que se dispone para evitar riesgos en el manejo de la corriente eléctrica están las banquetas aislantes cuya función consiste en

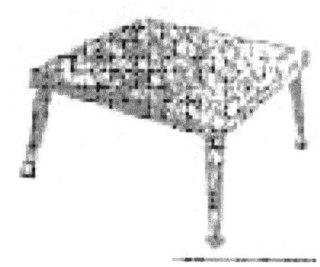

De acuerdo con el lugar en el que se utilizan, las banquetas aislantes se clasifican en dos tipos: para interior y para intemperie o exteriores.

Asimismo, y conforme a la tensión nominal de la instalación se les clasifica en 4 clases:

Clase I: Hasta 20 kV.

Clase II: Hasta 30 kV.

Clase III: Hasta 45 kV.

Clase IV: Hasta 66 kV.

Cuando se utilizan las banquetas aislantes es necesario que se coloquen lejos de las partes del entorno que están puestas a tierra, tales como paredes y resguardos metálicos, y también que la persona encargada de los trabajos evite contactos con dichas partes.

PARA CONTEXTUALIZAR CON:

Investigación de campo

Competencia para la vida

Desarrollar la capacidad para elegir responsablemente

Seguramente has visto a muchas personas que no usan equipo de protección cuando trabajan, desde albañiles hasta otro tipo de técnicos más calificados. Sería interesante entender por qué ¿no crees?

- Elabora una serie de 3 a 5 preguntas para saber por qué muchas personas trabajan sin protección aún cuando las condiciones en las que lo hacen los ponen en riesgo y hazlas a 5 personas, ya sea dentro del plantel o en algunas construcciones, empresas o talleres de la zona en que vives

- Organiza y concentra los resultados de las entrevistas, analízalos y plantea tus conclusiones

- Reúnete con otros compañero, analicen las conclusiones del equipo y reflexionen sobre la responsabilidad que tiene cada uno de ustedes para cuidarse y cuidar a los demás compañeros cuando se trabaja con electricidad.

- **La protección de los equipos**

Además de los equipos descritos en la sección anterior, existen otros que procuran la seguridad de los equipos y, de manera indirecta, también la de las personas.

Los equipos de este tipo que se usan habitualmente en trabajos y maniobras eléctricas se describen a continuación.

a) Detector de ausencia de tensión

Estos dispositivos son muy útiles, pero es imprescindible asegurarse de que se usen sólo dentro del campo de tensiones que indica su placa de características

Los detectores de tensión pueden ser de tres tipos: óptico, acústico y el que combina ambos (óptico-acústico); algunos de ellos pueden tener incorporado el dispositivo de comprobación de funcionamiento del detector.

Para poder hacer uso de ellos es necesario acoplarlos a pértigas aislantes apropiadas a la tensión, además de que el operario complemente su protección mediante guantes aislantes o banquetas aislantes. Siempre se debe comprobar el funcionamiento antes y después de su utilización.

b) Pértiga aislante

Las pértigas aislantes son herramientas de apoyo muy útiles cuando se llevan a cabo actividades en contacto con la corriente eléctrica.

Sirven para comprobar la ausencia de tensión, para hacer maniobras con el seccionador, para colocar y retirar los equipos de puesta a tierra y, para extraer y colocar fusibles, entre otras tareas.

En el caso de este tipo de aislantes es muy importante no rebasar la indicación de posición límite de las manos y revisar que no tenga defectos visibles, suciedad o humedad; en caso de que la parte aislante esté sucia se debe limpiar con silicón.

Debido a los riesgos que implica, siempre que se haga uso de una pértiga es indispensable usar guantes aislantes o banquetas aislantes apropiados a la tensión nominal del equipo.

c) Equipo de puesta a tierra y en cortocircuito

Están diseñados para *"cortocircuitar"* los conductores de las fases y ponerlos a tierra en cámaras, celdas, subestaciones transformadoras, ductos de barras, etcétera.

Se instalan con el propósito de que las protecciones del sistema actúen en caso de que el servicio se active accidentalmente cuando se están haciendo reparaciones.

La conexión directa a tierra de las partes conductoras de los equipos eléctricos que deben estar eléctricamente aisladas, se lleva a cabo mediante electrodos enterrados en el suelo y es vital para garantizar que éstas no queden accidentalmente sometidas a tensiones peligrosas.

Las siguientes son las principales razones por las que debe realizarse una correcta instalación de puesta a tierra:

· Proteger la vida de los seres humanos y de los animales.

· Asegurar la correcta actuación de las protecciones de los equipos.

· Eliminar o disminuir el riesgo de daños en los equipos.

· Garantizar la fiabilidad del servicio eléctrico.

Se considera que una instalación de puesta a tierra es correcta cuando:

· Proporciona un camino de baja impedancia a tierra.

· Soporta y disipa repetidas corrientes de defecto y cortocircuito, o caída de rayos.

· Es suficientemente resistente a la corrosión como para asegurar sus propiedades durante toda vida útil del equipo a proteger.

d) Descargadores

Los descargadores son aparatos destinados a proteger el material eléctrico contra las sobretensiones transitorias elevadas, drenándolas y limitando su duración, y eventualmente la amplitud de la corriente subsiguiente.

PARA CONTEXTUALIZAR CON:

Resumen

Competencia tecnológica

Reconocer los equipos de protección personal y de protección de los equipos cuando se trabaja con electricidad

- Elabora una lista con los distintos equipos de protección que se presentan en este manual

- Con base en su función y características técnicas, elabora un cuadro comparativo

- Aprovecha el cuadro-resumen para realizar un repaso del tema.

1.1.2. INSTRUMENTOS ELÉCTRICOS DE MEDICIÓN

- Fundamentos de la medición

Concepto de medición

Siempre que se quiera medir es indispensable hacer una comparación: siempre hay un parámetro o estándar contra el cual mide, al que se denomina unidad de medida. En este sentido, medir es determinar una cantidad comparándola con su respectiva unidad, para determinar cuántas veces la primera cabe en la segunda.

En física e ingeniería, medir consiste en comparar magnitudes físicas de objetos del mundo real con unidades previamente establecidas como estándares y la medición da como resultado un número que es la relación entre el objeto de estudio y la unidad de referencia.

Los instrumentos de medición son el medio por el que se hace esta conversión.

Unidades de medida para variables eléctricas

Se conoce como unidades eléctricas a las unidades empleadas para medir cuantitativamente toda clase de fenómenos electrostáticos y electromagnéticos, y también las características electromagnéticas de los componentes de un circuito eléctrico.

Actualmente, existe una definición aceptada universalmente para dichas unidades, que aparece en el Sistema Internacional de Unidades; no obstante el carácter universal con que se aprobaron estas unidades, todavía hay países que continúan utilizando unidades de medida y definiciones de sistemas anteriores.

El Sistema Internacional de Unidades

El *Système International d'Unités* (SI por sus siglas en francés) o Sistema Internacional de Unidades, es el sistema de unidades más usado actualmente; tiene como antecedente al antiguo sistema métrico decimal, pero esta nueva versión lo mejora ya que las definiciones tienden a ser más precisas e independientes de un objeto de referencia (como ocurría con el metro patrón que está en París, por ejemplo). Se creó en 1960 por la Conferencia General de Pesas y Medidas, que inicialmente definió seis unidades físicas básicas a las que se añadió el mol en 1971.

En los países que utilizan todavía otros sistemas de unidades de medidas, como los Estados Unidos y el Reino Unido, es común encontrar junto a las unidades propias, las del SI para poder hacer las conversiones correspondientes.

En el anexo que aparece al final de este manual pueden consultarse las s definiciones de las 7 unidades básicas de medida del Sistema Internacional de Unidades

Las unidades de medida que se aplican para hacer mediciones eléctricas incluyen al ampere, que es una de las unidades básicas del SI, y a otras *unidades derivadas* que también forman parte del Sistema Internacional de Unidades: el ohm, el volt, el coulomb, el henry, el farad, el vatio y el joul.

En el mismo anexo pueden encontrarse también las definiciones y símbolos que corresponden a cada una de de acuerdo con el Sistema Internacional de Unidades.

Además de estas definiciones, las unidades de medida usadas comúnmente en electricidad también tienen las siguientes definiciones prácticas que sirven para calibrar los instrumentos:

- El ampere es la cantidad de electricidad que deposita 0,001118g de plata por segundo en uno de los electrodos si se hace pasar a través de una solución de nitrato de plata.

- El volt es la fuerza electromotriz necesaria para producir una corriente de un ampere a través de una resistencia de un ohm; que a su vez se define como la resistencia eléctrica de una columna de mercurio de 106,3 cm de altura y 1 mm2 de sección transversal a una temperatura de 0 °C.

- El volt también puede definirse a partir de una pila voltaica patrón –la denominada pila de Weston–, cuyos polos tienen amalgama de cadmio y sulfato de mercurio (I) y un electrolito de sulfato de cadmio. El voltio se define como 0,98203 veces el potencial de esta pila patrón a 20 °C.

En todas las unidades eléctricas se emplean los prefijos convencionales para indicar fracciones y múltiplos de las unidades básicas.

Por ejemplo, un microampere es una millonésima de ampere, un milivolt es una milésima parte de un volt y un megaohm corresponde a un millón de ohms.

PARA CONTEXTUALIZAR CON:

Estudio individual

Competencia científico teórica

Identificar las unidades de medición eléctricas y sus relaciones

- Estudia las definiciones que maneja el Sistema Internacional de Unidades para las unidades de medida aplicables a las variables eléctricas.

- Elabora un mapa conceptual en el que plantees las relaciones entre ellas asegurándote de que manejas correctamente las definiciones.

- En caso de que tengas dudas sobre si tu interpretación es correcta, consulta con el PSP o

---

> con otros compañeros

Cuando se registra una medición, es indispensable ser precisos tanto en el aspecto numérico como en la identificación de la unidad de medida a que corresponde. Por eso es importante que siempre que registres cualquier medida, sigas las recomendaciones que aparecen en el anexo.

Mediciones directas e indirectas

Cuando se requiere medir variables eléctricas en algún equipo o dispositivo eléctrico o electrónico, puede ser que no se cuente con los instrumentos necesarios; lo que, a primera vista, parecería un impedimento para obtener los valores de funcionamiento indispensables para poder hacer un buen diagnóstico del equipo.

Sin embargo, no es no es así; también pueden obtenerse los valores de las principales variables eléctricas mediante la aplicación de las ecuaciones o fórmulas matemáticas que permiten relacionar unas magnitudes con otras y, por lo tanto, determinar los valores desconocidos a través de su relación con los que sí se tienen.

Esta vía de medición indirecta también es aplicable a los casos en se cuenta con el instrumento de medida pero la configuración del equipo hace difícil emplearlo.

A continuación se enlistan las principales fórmulas a través de las cuales se pueden relacionar las distintas magnitudes eléctricas.

Para relacionar la carga y la corriente

Si la unidad de la carga= Coulomb,

Si la unidad de corriente= Ampere.

Entonces,

Carga(coulomb)=Corriente(Ampere) * segundo

O bien, Corriente(Ampere)=Carga(coulomb)/ segundo

Para determinar la potencia eléctrica

Potencia= Corriente * Voltaje

O, de otra manera,

Corriente(Ampere)= Potencia(Watt) / Voltaje(Volt)

Con estas fórmulas se puede determinar el valor de una magnitud desconocida a partir de los valores conocidos para las otras dos. Precisamente por eso se denominan mediciones indirectas, porque no se aplica un instrumento de medida sino que se obtiene indirectamente.

PARA REALIZAR CON:

Realización de ejercicio

Competencia científico-teórica

Aplicar los conceptos de medición y especificaciones técnicas

- Con base en las fórmulas que sirven para hacer "mediciones indirectas" de las distintas dimensiones eléctrica diseña y resuelve 10 ejercicios en los que determines el valor de la carga, la corriente, el voltaje, la resistencia o la potencia

eléctrica, a partir de los datos de variables eléctricas conocidas.

- **Tipo de instrumentos de medición y verificación**

Los instrumentos eléctricos de medición tienen una enorme importancia, ya que su uso permite conocer magnitudes eléctricas tales como la corriente, la carga, el potencial y la energía de un dispositivo o equipo.

Asimismo, dichos instrumentos aportan información sobre las características eléctricas de los circuitos: la resistencia, la capacidad, la capacitancia y la inductancia. Sin ellos difícilmente se podría hacer uso de la electricidad tal y como se hace hoy en día.

Un ejemplo en este sentido es que al hacer estas mediciones se pueden localizar las causas de la operación defectuosa de muchos aparatos eléctricos que de otra manera serían muy difíciles, o prácticamente imposibles, debido a que su funcionamiento no puede apreciarse directamente en forma visual.

Clasificación de los instrumentos de medición

La electricidad es un fenómeno físico originado por cargas eléctricas estáticas o en movimiento, y por la interacción entre ellas. Como tal no puede observarse directamente, pero sí mediante sus manifestaciones: la atracción o repulsión de objetos, la producción de fenómenos luminosos, las reacciones que genera en los organismos vivos y, la descomposición química que produce.

A eso se debe que para medirla tenga que hacerse uso de alguna de sus propiedades e inferir a partir de ellas, cuál es su valor. La lógica es muy simple: lo que ocurre es que dicha propiedad produce una fuerza física susceptible de ser detectada y medida y, con base en ella se conocen los valores de la electricidad.

Por ejemplo, en el galvanómetro, el instrumento de medida inventado hace más tiempo, la fuerza que se produce entre un campo magnético y una bobina inclinada por la que pasa una corriente es lo que provoca que haya una desviación en la bobina. Dado que la desviación es proporcional a la intensidad de la corriente, entonces para medirla simplemente se usa una escala calibrada.

La acción electromagnética entre corrientes, la fuerza entre cargas eléctricas y el calentamiento causado por una resistencia conductora son algunos de los métodos utilizados para obtener mediciones eléctricas analógicas.

Los instrumentos de medición eléctrica pueden clasificarse de varias formas. Por ejemplo, agrupándolos conforme al tipo de efectos o señales en que basan para hacer la medición, los instrumentos pueden ser electromagnéticos, electrodinámicos, térmicos, electrónicos y resonantes, entre otros.

PARA CONTEXTUALIZAR CON:

Estudio individual

Competencia   de

información

Consultar en páginas web las características de los instrumentos de medición electrónica

- **Busca** información complementaria a la que te ofrece esta manual sobre la manera en que se pueden clasificar los instrumentos de medición eléctrica

- Identifica sus principales diferencias

- Elabora un cuadro en el que integres la información que pueda servir para apoyar el diagnóstico de los equipos

Características de los instrumentos de medición

A continuación se describen los principios de funcionamiento y utilidad de los instrumentos de medición, agrupados en dos grandes bloques: el de los instrumentos de medición que reportan directamente los valores numéricos de la variable en cuestión y, el de los instrumentos en los que para medir se requiere la interpretación de señales.

Instrumentos de medición por obtención de valores

Este tipo de instrumentos agrupan todos aquellos cuya función principal es mostrar el valor de magnitud eléctrica que están midiendo.

1. Los galvanómetros

Son los principales instrumentos para la detección y medición de la corriente.

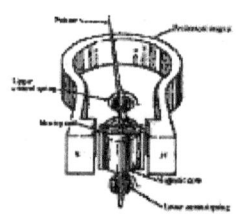

Funcionan a través de un mecanismo que se basa en la interacción entre una corriente eléctrica y un imán; se trata de un diseño en el que un imán permanente produce un campo magnético el cual genera una fuerza magnética cuando hay un flujo de corriente en una bobina cercana al imán.

El elemento móvil puede ser el imán o la bobina. La fuerza inclina el elemento móvil en un grado proporcional a la intensidad de la corriente. Este elemento móvil puede contar con un puntero o algún otro dispositivo que permita leer en un dial el grado de inclinación.

El galvanómetro de inclinación de D'Arsonval utiliza un pequeño espejo unido a una bobina móvil, el cual sirve para reflejar un haz de luz hacia un dial situado a una distancia aproximada de un metro. Este sistema tiene menos inercia y fricción que el puntero usado en el galvanómetro simple, lo que permite mayor precisión.

Este instrumento debe su nombre al biólogo y físico francés Jacques D'Arsonval, que también hizo algunos experimentos con el equivalente mecánico del calor, y con la corriente oscilante de alta frecuencia y alto amperaje (corriente D'Arsonval) utilizada en el tratamiento de algunas enfermedades, como la artritis. Cuando al galvanómetro se le incorpora una escala graduada y una calibración adecuada, se integra un amperímetro, es decir, un instrumento que lee la corriente eléctrica en amperes. D'Arsonval es el responsable de la invención del amperímetro de corriente continua.

Ahora bien, dado que por el fino hilo de la bobina de un galvanómetro sólo puede pasar una pequeña cantidad de corriente, para medir corrientes mayores es necesario acoplar una derivación de baja resistencia a las terminales del medidor. Con este diseño, aunque la mayor parte de la corriente pasa por la resistencia de la derivación, la pequeña cantidad que fluye por el medidor sigue siendo proporcional a la corriente total. Así, el galvanómetro maneja esta proporcionalidad para medir corrientes de varios cientos de amperes.

Sin embargo, Los galvanómetros convencionales no pueden utilizarse para medir corrientes alternas, porque las oscilaciones de la corriente producirían una inclinación en las dos direcciones

Tipos de galvanómetros

Aunque todos Los galvanómetros parten de la misma lógica de diseño, su denominación varía conforme al orden de magnitud y al tipo de corriente que pueden medir. A continuación se describen los más importantes:

1.a) Microamperímetros

Miden corriente continua pero en magnitudes muy bajas. Un microamperímetro está calibrado en millonésimas de amperio y un miliamperímetro en milésimas de amperio.

1.b) Electrodinamómetros

Es una variante el galvanómetro pero puede utilizarse para medir corriente alterna mediante una inclinación electromagnética. Este medidor tiene una bobina fija que está colocada en serie con una bobina móvil que se utiliza en lugar del imán permanente del galvanómetro.

Dado que la corriente de la bobina fija y la de la móvil se invierten en el mismo momento, la inclinación de esta última se da siempre en el mismo sentido y eso permite calcular los valores de la corriente,

Los medidores de este tipo sirven también para medir corrientes continuas.

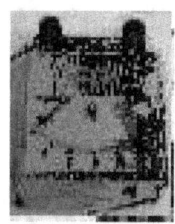

1.c) Medidores de aleta de hierro

Otro tipo de medidor electromagnético es el medidor de aleta de hierro o de hierro dulce. Este dispositivo utiliza dos aletas de hierro dulce, una fija y otra móvil, colocadas entre los polos de una bobina cilíndrica y larga por la que pasa la corriente que se quiere medir. La corriente induce una fuerza magnética en las dos aletas, provocando la misma inclinación, con independencia de la dirección de la corriente. La cantidad de corriente se determina midiendo el grado de inclinación de la aleta móvil.

1.d) Medidores de termopar

Para medir corrientes alternas de alta frecuencia se utilizan medidores que dependen del efecto calorífico de la corriente. En los medidores de termopar se hace pasar la corriente por un hilo fino que calienta la unión de termopar. La electricidad generada por el termopar se mide con un galvanómetro convencional. En los medidores de hilo incandescente la corriente pasa por un hilo fino que se calienta y se estira. El hilo está unido mecánicamente a un puntero móvil que se desplaza por una escala calibrada con valores de corriente.

1.e) Voltímetros

El instrumento más utilizado para medir la diferencia de potencial, es decir, el voltaje, es el voltímetro; se trata de un galvanómetro que cuenta con una gran resistencia unida a la bobina.

Lo que ocurre es que cuando a un galvanómetro común se conecta a una batería o a dos puntos de un circuito eléctrico con diferentes potenciales, hay una cantidad reducida de corriente (limitada por la resistencia en serie)

que pasa a través del medidor. Dicha corriente es proporcional al voltaje, y puede medirse si el galvanómetro se calibra para ello.

Cuando se usa el tipo adecuado de resistencias en serie un galvanómetro puede medir distintos niveles de voltaje.

El instrumento más preciso para medir el voltaje, la resistencia o la corriente continua es el potenciómetro; Un potenciómetro es un elemento de 3 terminales que funciona como 2 resistencias variables, pero la suma de ellas permanece siempre constante.

Los demás métodos de medición del voltaje utilizan tubos de vacío y circuitos electrónicos y resultan muy útiles para hacer mediciones a altas frecuencias.

Un dispositivo de este tipo es el voltímetro de tubo de vacío. En la forma más simple de este tipo de voltímetro se rectifica una corriente alterna en un tubo de diodo y se mide la corriente rectificada con un galvanómetro convencional.

Otros voltímetros de este tipo utilizan las características amplificadoras de los tubos de vacío para medir voltajes muy bajos. El osciloscopio de rayos catódicos se usa también para hacer mediciones de voltaje, ya que la inclinación del haz de electrones es proporcional al voltaje aplicado a las placas o electrodos del tubo.

1.f) Puente de Wheatstone

Las mediciones más precisas de la resistencia se obtienen con un circuito llamado puente de Wheatstone, en honor del físico británico Charles Wheatstone.

Este circuito consiste en tres resistencias conocidas y una resistencia desconocida, conectadas entre sí en forma de diamante. Para que funcione se aplica una corriente continua a través de dos puntos opuestos del diamante y se conecta un galvanómetro a los otros dos puntos.

Cuando todas las resistencias se nivelan, las corrientes que fluyen por los dos brazos del circuito se igualan, lo que elimina el flujo de corriente por el galvanómetro. Variando el valor de una de las resistencias conocidas, el puente puede ajustarse a cualquier valor de la resistencia desconocida, que se calcula a partir los valores de las otras resistencias.

Este tipo de puentes se utilizan para medir la inductancia y la capacitancia de los componentes de circuitos; para hacerlo, se sustituyen las resistencias por inductancias y capacitancias conocidas. También se les conoce como puentes de corriente alterna, precisamente porque utilizan fuentes de corriente alterna en lugar de corriente continua.

A menudo los puentes se nivelan con un timbre en lugar de un galvanómetro, y cuando el puente no está nivelado el timbre emite un sonido que corresponde a la frecuencia de la fuente de corriente alterna; cuando se ha nivelado no se escucha ningún tono.

1.g) Vatímetros

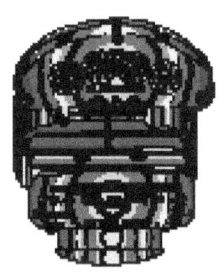

La potencia consumida por cualquiera de las partes de un circuito se mide con un vatímetro; un instrumento parecido al electrodinamómetro.

El vatímetro tiene su bobina fija dispuesta de forma que toda la corriente del circuito la atraviese, mientras que la bobina móvil se conecta en serie con una resistencia grande y sólo deja pasar una parte proporcional del voltaje de la fuente.

La inclinación resultante de la bobina móvil depende tanto de la corriente como del voltaje y puede calibrarse directamente en vatios, ya que la potencia es el producto del voltaje y la corriente.

2. Contadores de servicio

El medidor de vatios por hora, también llamado contador de servicio, es un dispositivo que mide la energía total consumida en un circuito eléctrico doméstico. Es parecido al vatímetro, pero se diferencia de éste en que la bobina móvil se reemplaza por un rotor. El rotor, controlado por un regulador magnético, gira a una velocidad proporcional a la cantidad de potencia consumida. El eje del rotor está conectado con engranajes a un conjunto de indicadores que registran el consumo total.

3. Multímetro

Un multímetro, a veces también denominado polímetro o *tester*, es un instrumento electrónico de medida que combina varias funciones en una sola unidad. Las más comunes son las de voltímetro (voltaje), amperímetro (corriente) y ohmímetro (resistencia).

Existen distintos modelos que incorporan además de las tres funciones básicas citadas algunas de las siguientes:

- Un comprobador de continuidad, que emite un sonido cuando el circuito bajo prueba no está interrumpido (también puede mostrar en la pantalla 00.0, dependiendo el tipo y modelo).

- Presentación de resultados mediante dígitos en una pantalla, en lugar de lectura en una escala.

- Amplificador para aumentar la sensibilidad, para medida de tensiones o corrientes muy pequeñas o resistencias de muy alto valor.

- Medida de inductancias y capacidades.

- Comprobador de diodos y transistores.

- Escalas y zócalos para la medida de temperatura mediante termopares normalizados.

3.a) Multímetro Analógico:

El multímetro analógico es un instrumento de laboratorio y de campo muy útil y versátil, capaz de medir voltaje en corriente alterna (CA) y corriente directa (CD), corriente, resistencia, ganancia de transistor, caída de voltaje en los diodos, capacitancia e impedancia.

Este tipo de medidores emplea mecanismos electromecánicos para mostrar la cantidad que se está midiendo en una escala continua. Es decir, el proceso que realizan es analógico y la salida es analógica (agujas).

Los multímetros digitales han tomado el lugar de la mayoría de los multímetros con movimientos de D' Arsonval por dos razones principales: mayor exactitud y eliminación de errores de lectura.

Por otro lado, todavía se emplean los medidores analógicos que incorporan movimientos de D' Arsonval, ya que se emplean todavía para aplicaciones en las que se deben observar las indicaciones de muchos medidores de un vistazo.

Por ejemplo, la mayoría de las subestaciones de servicio eléctrico emplean medidores analógicos que tratar de recordar 30 números y sus valores de seguridad.

3.b) Multímetro digital

Está diseñado para medir voltaje de CD, voltaje de CA, corrientes directa y alterna, temperatura, capacitancia, resistencia, inductancia, conductancia, caída de voltaje en un diodo, conductancia y también cuenta con accesorios para medir temperatura, presión y corrientes mayores a 500 amperes.

La mayoría de los multímetros digitales se fabrican tomando como base ya sea un convertidor A/D de doble rampa o de voltaje a frecuencia. Muchos multímetros digitales son instrumentos portátiles de baterías.

El medidor electrónico digital (abreviado DVM para voltímetro digital o DMM para multímetro digital) indica la cantidad que se está midiendo en una pantalla numérica en lugar de la aguja y la escala que se emplea en los medidores analógicos.

La lectura numérica le da a los medidores electrónicos digitales las siguientes ventajas sobre los instrumentos analógicos en muchas aplicaciones:

La precisión de los voltímetros electrónicos digitales DVM es mucho mayor que las de los medidores analógicos.

Por ejemplo, la mayor precisión que pueden alcanzar los medidores analógicos es aproximadamente 0.5% mientras que las de los voltímetros digitales puede ser de 0.005% o mejor.

Aun los DVM y DMM más sencillos logran precisión de al menos 0.1%.

PARA CONTEXTUALIZAR CON:

Consulta con el PSP

Competencia científico-teórica

Aplicar conceptos de medición y especificaciones técnicas

- Explica por escrito con tus

---

propias palabras qué significa que un medidor tenga una precisión de 0.5% , de 0.1% o de 0.005% y para qué te sirve saber esto

- Plantea por escrito qué equipo utilizarías para determinar el **voltaje** que alimenta un sistema de distribución casero; el voltaje de una batería AA y la cantidad de corriente que alimenta el **motor eléctrico** de un carrito de control remoto.

- Consulta con el PSP si tus resultados son correctos

Para cada lectura hecha con el DVM se proporciona un número definido; esto significa que dos observadores cualesquiera siempre verán el mismo valor. Como resultado de ello, se eliminan errores humanos como el paralaje o equivocaciones en la lectura.

La lectura numérica aumenta la velocidad de captación del resultado y **hace menos tediosa la tarea de tomar**

las mediciones. Esto puede ser una consideración importante en situaciones donde se deben hacer un gran número de lecturas.

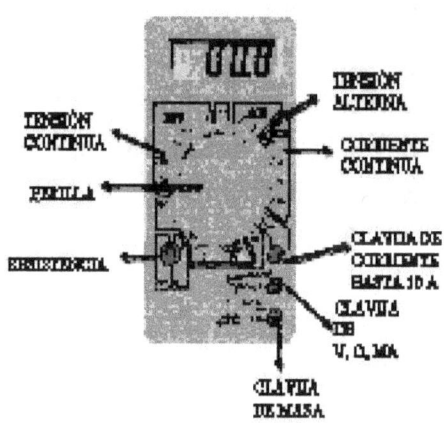

La repetibilidad (repetición) de los voltímetros digitales DVM es mayor cuando se aumenta el número de dígitos desplegados. El voltímetro digital DVM también puede contener un **control de rango automático** y polaridad automáticos que los protejan contra sobrecargas o de polaridad invertida.

La salida del voltímetro digital DVM se puede alimentar directamente a registradores (impresoras o perforadoras de cinta) donde se haga un registro permanente de las lecturas. Esos datos se registran de tal manera que pueden ser procesados mediante computadoras digitales.

Con la llegada de los circuitos integrados (CI), se ha reducido el control de los voltímetros digitales hasta el punto en que algunos modelos sencillos tienen hoy precios competitivos con los medidores electrónicos analógicos convencionales.

La sensibilidad de los amperímetros y voltímetros

Para los instrumentos de medición que han sido descritos hasta este momento, es importante conocer cuál es el grado de sensibilidad que tienen, el cual está determinado por la intensidad de corriente que necesita para producir una desviación completa de la aguja indicadora a través de la escala. El grado de sensibilidad se expresa de dos maneras, según se trate de un amperímetro o de un voltímetro.

En el primer caso, la sensibilidad se reporta en amperes, miliamperes o microamperes. Así por ejemplo, cuando un instrumento tiene una sensibilidad de un miliampere, eso significa que esa es la intensidad de corriente mínima que se requiere para lograr que la aguja se mueva.

En el caso de un voltímetro, la sensibilidad se expresa con base en la cantidad de ohms por voltio, es decir, con base en la resistencia del instrumento. Este mecanismo basado en la resistencia explica por qué los voltímetros alcanzan mayor precisión o sensibilidad cuando la resistencia es mayor: puesto que las resistencias son dispositivos que se usan en los circuitos eléctricos para limitar el paso de corriente, cuando un instrumento tiene una alta resistencia reacciona ante una insignificante cantidad de corriente.

El número de ohm por volt de un voltímetro se obtiene dividiendo la resistencia total del instrumento entre el voltaje máximo que puede medirse. Por ejemplo, un instrumento con una resistencia interna de 300000 ohmios y una escala para un máximo de 300 voltios, tendrá una sensibilidad de 1000 ohmios por voltio. Para el desarrollo trabajos eléctricos de tipo general, los voltímetros deben tener cuando menos 1000 ohm por volt.

Instrumentos de medición por análisis de señal

En el siguiente bloque se describe los principales instrumentos de medición eléctrica que se basan en la interpretación de señales.

1. El osciloscopio

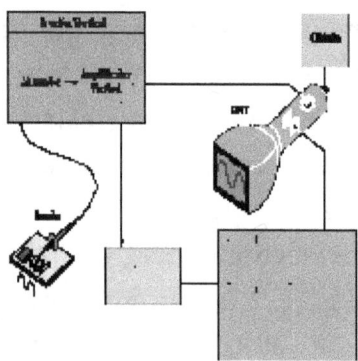

Probablemente éste sea el instrumento más versátil y útil inventado para realizar mediciones eléctricas. El uso del osciloscopio no sólo permite medir el voltaje, sino que una correcta interpretación del despliegue también arroja datos sobre la corriente, el tiempo, la frecuencia y las diferencias de fase.

El osciloscopio de rayos catódicos tiene un mecanismo de despliegue que le permite crear o seguir señales con frecuencias mayores de un GHz.

Incluso en una de sus variantes –el osciloscopio de muestreo– se pueden desplegar frecuencias aún mayores.

Como se puede observar en la figura, el dispositivo de despliegue que permite observar variaciones de tan alta velocidad es un tubo de rayos catódicos (CRT) que genera delgado haz de electrones (el rayo catódico) dentro de sí mismo.

Este rayo está orientado de tal manera que choca con una pantalla fluorescente que cubre un extremo del tubo; siempre que el rayo choca con la pantalla, se emite un punto de luz visible.

Cuando el haz se mueve a través de la pantalla, "pinta" su trayectoria. Los campos que provocan las deflexiones del haz de electrones se crean a lo largo de su trayecto mediante placas deflectoras.

La imagen en la pantalla del osciloscopio depende de los voltajes aplicados a las placas del tubo.

Como puede deducirse de lo anterior, el osciloscopio es en realidad un voltímetro pero con un mecanismo de despliegue de velocidad muy elevada.

b) La punta Lógica:

La punta lógica o sonda digital, es un indicador de la presencia de pulso alto, de pulso bajo, de un tren de pulsos o de alta impedancia (salidas desconectadas). Esta punta junto con un inyector de señales y un detector de corriente, integran el equipo de medición básico para los circuitos digitales.

b) El generador de funciones

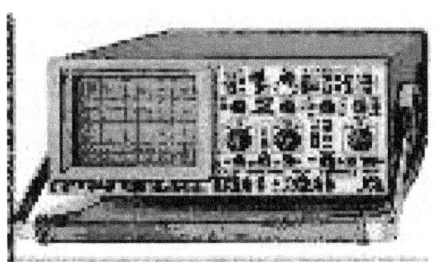

Un generador de funciones es un instrumento versátil que genera diferentes formas de onda, cuyas frecuencias son ajustables en un amplio rango. Las salidas más frecuentes son ondas senoidales, triangulares, cuadradas y diente de sierra.

Su utilidad principal consiste crear señales eléctricas basadas en funciones matemáticas, las cuales son aplicadas a los equipos o dispositivos electrónicos que se quiere diagnosticar y con base en el tipo de señal generada se determina si el funcionamiento de éstos es adecuado o no lo es.

Entre sus aplicaciones se incluyen pruebas y calibración de sistemas de audio, de sistemas ultrasónicos y servomecanismos.

Las frecuencias de estas ondas pueden ser ajustadas desde una fracción de hertz hasta varios cientos de kilohertz, de tal manera que pueden ser aplicables a una gran variedad de dispositivos.

Una ventaja adicional del generador de funciones es que permite obtener simultáneamente los diferentes tipos de salida que produce este dispositivo.

Por ejemplo, si se proporciona una salida cuadrada para medir la linealidad de un sistema de audio, la salida en diente de sierra simultánea se puede usar para alimentar el amplificador de deflexión horizontal de un osciloscopio, con lo que se obtiene la exhibición visual de los resultados.

La capacidad de un generador de funciones para fijar la fase de una fuente externa de señales es otra de las características importantes y útiles de este tipo de equipo.

Además, mediante el ajuste de fase y amplitud de las armónicas permite generar casi cualquier onda, obteniendo la suma de la frecuencia fundamental generada por un generador de funciones de los instrumentos y la armónica generada por el otro generador.

El generador de funciones se puede fijar en base a una frecuencia estándar, con lo que todas las ondas de salida generadas tendrán la exactitud y estabilidad en frecuencia de la fuente estándar y también puede crear ondas a muy bajas frecuencias.

Los circuitos de salida del generador de funciones consisten de dos amplificadores que proporcionan dos salidas simultáneas seleccionadas individualmente de cualquiera de las formas de onda.

A continuación se presentan el tipo de ondas que pueden producir un generador de funciones, tal y como se verían en la pantalla de un osciloscopio:

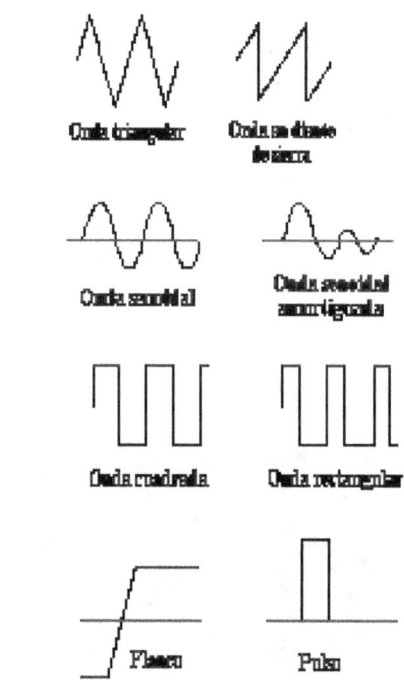

PARA CONTEXTUALIZAR CON:

Comparación de resultados con otros

compañeros.

Competencia científico-teórica

Identificar las características herramientas, equipos de medición y verificación

- Revisa cuidadosamente la sección del manual correspondiente a los equipos de medición de variables eléctricas

- Elabora 3 cuadros sinópticos, en cada uno de los cuales clasifiques los equipos de medición eléctrica conforme a uno de los tres siguientes criterios: qué miden, cómo lo miden y cómo funcionan.

- Compáralos con los de tus compañeros, identifica semejanzas y diferencias y analiza junto con ellos estos resultados.

- Si persisten algunas dudas, consulta otras fuentes o al

propio PSP.

Realizar el ejercicio

Competencia científico-teórica

Demostrar el conocimiento de las características de herramientas, equipos de medición y verificación

- Analiza el cuadro sinóptico que elaboraste para presentar los instrumentos de acuerdo con la(s) variable(s) y magnitudes eléctricas que miden

- Identifica la utilidad que tienen estos instrumentos para llevar a cabo el diagnóstico de fallas en equipos electrónicos

- Elabora un cuadro con tus recomendaciones sobre los instrumentos a utilizar para diagnosticar las fallas habituales en 5 equipos electrónicos de uso común y explica por qué en cada uno de los casos.

- Analiza junto con otros compañeros tus

> recomendaciones y las que ellos hagan y consulta con el PSP si son correctas.

- **Calibración de los medidores**

Para garantizar la uniformidad y la precisión de las medidas, los medidores eléctricos se calibran conforme a los patrones de medida aceptados para una determinada unidad eléctrica, como el ohm, el ampere, el volt o el watt.

Patrones principales y medidas absolutas

Los patrones principales del ohm y el ampere, están basados en definiciones aceptadas en el ámbito internacional en las que se incluye la masa, el tamaño del conductor y el tiempo.

Las técnicas de medición que utilizan estas unidades básicas son precisas y reproducibles.

Por ejemplo, las medidas absolutas de ampere implican la utilización de una especie de balanza que mide la fuerza que se produce entre un conjunto de bobinas fijas y una bobina móvil.

Estas mediciones absolutas de intensidad de corriente y diferencia de potencial tienen su aplicación principal en el laboratorio, mientras que en la mayoría de los casos se utilizan medidas relativas.

1.2.1 CARACTERÍSTICAS DE LOS SISTEMAS ELÉCTRICOS Y ELECTRÓNICOS

- **Sistemas de control.**

¿En qué consisten?

Son sistemas eléctricos o electrónicos que están capturando señales del estado del sistema bajo su control permanentemente, y que al detectar una desviación de los parámetros preestablecidos del funcionamiento normal del sistema, actúan mediante sensores y *actuadores* para llevar al sistema de vuelta a sus condiciones operacionales normales de funcionamiento.

¿Cómo funcionan?

Hay un sistema general –llamado planta– que tiene una serie de entradas que provienen del sistema a controlar, y se diseña un sistema para que, a partir de estas entradas, modifique ciertos parámetros en el sistema planta, con lo que las señales anteriores volverán a su estado normal ante cualquier variación.

La siguiente figura muestra esquemáticamente cómo funcionaría un sistema de control básico:

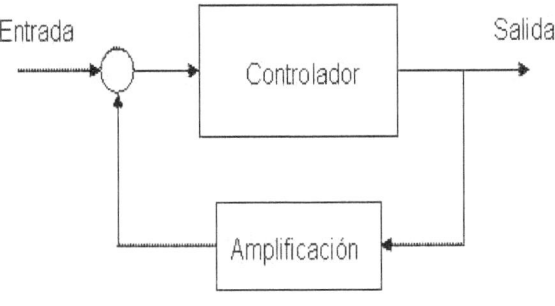

¿Cuáles son sus principales características y componentes?

Los sistemas de control se clasifican en sistemas de lazo abierto y de lazo cerrado; se distinguen por el tipo de acción de control que activa al sistema para producir la salida.

En un sistema de control de lazo abierto la acción de control es independiente de la salida; mientras que en un sistema de control de lazo

cerrado la acción de control es, en cierto modo, dependiente de la salida.

La precisión con la que un sistema de control de lazo abierto puede ejecutar una acción está determinada por su calibración, es decir, por su capacidad para establecer o restablecer una relación entre la entrada y la salida con el fin de obtener del sistema la exactitud deseada.

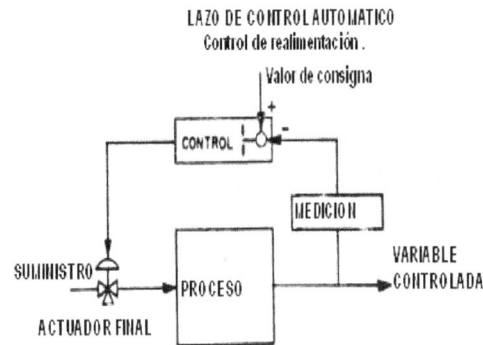

Los sistemas de control de lazo cerrado se llaman comúnmente sistemas de control por realimentación o retroacción. La figura esquematiza los componentes y relaciones típicos de este tipo de sistemas.

El componente más importante de cualquier sistema de control de lazo cerrado es el lazo de control realimentado básico.

La realimentación es una propiedad de los sistemas de lazo cerrado que permite que la salida (o cualquier otra variable controlada del sistema) se compare con la entrada al sistema (o con una entrada a cualquier componente interno del mismo con un subsistema), de manera tal que se pueda establecer una acción de control apropiada como función de la diferencia entre la entrada y la salida.

Otro componente importante de los sistemas de control es el actuador final; por cada proceso debe haber uno que se encargue de suministrar la energía o material al proceso y de cambiar la señal de medición. A menudo el actuador final es algún tipo de válvula, pero puede también puede ser una correa o regulador de velocidad de motor, un posicionador, etcétera.

El último elemento del lazo es el controlador automático; su trabajo es controlar la medición, es decir, mantener la medición dentro de límites aceptables.

PARA CONTEXTUALIZAR CON:

Trabajo en equipo

Competencia tecnológica:

Identificar los tipos y características de los equipos y sistemas electrónicos

- Organízate junto con tus compañeros de equipo para investigar cuándo es conveniente utilizar un sistema de control de lazo abierto y cuándo uno de lazo cerrado

- Identifiquen dos casos en los que operen cada uno de estos dos tipos de sistemas de control, analícenlos y elaboren un diagrama en el que se represente su funcionamiento

- Para cada uno de ellos planteen qué recomendaciones de procedimiento harían si tuvieran que hacer un diagnóstico de fallas y expliquen por qué.

- Sistemas de Fuerza.

¿En qué consisten?

Los sistemas de fuerza están formados por todos los elementos que están interrelacionados con el fin de que se realice un trabajo en función del tiempo, aunque no incluye los elementos de control previamente descritos, ya que esos se clasifican dentro de la operación par un dispositivo.

Este tipo de sistemas son los encargados de efectuar los procesos mecánicos y de potencia que el sistema de control determina

¿Cómo funcionan?

Su funcionamiento es de tipo eléctrico; de acuerdo con las señales que recibe de la unidad de control efectúa una serie de acciones destinadas a cumplir con su papel dentro del proceso al que pertenece.

- Sistemas de protección

¿En qué consisten?

Su propósito es evitar daños a la configuración del equipo que puedan ser ocasionados por sobrecorriente, sobrevoltaje u otro tipo de anomalías eléctricas. Se basan en un mecanismo mediante el cual se corta el suministro de la alimentación eléctrica, cuando ésta presenta variaciones que pueden ser peligrosas para la correcta operación del equipo.

¿Cómo funcionan?

El funcionamiento de los sistemas de protección en equipos y sistemas eléctricos o electrónicos está determinado por el tipo de dispositivo que se usan. Los principales sistemas de protección se enlistan a continuación.

¿Cuáles son sus principales componentes y características?

a) Los fusibles o protecciones térmicas

Estos dispositivos interrumpen el circuito eléctrico cuando una sobrecarga quema el filamento conductor ubicado en su interior; que deben ser reemplazados después de cada actuación para poder reestablecer el circuito. Los fusibles se emplean

63

como protección contra cortocircuitos y sobrecargas.

b) El Interruptor termomagnético o disyuntor

Estos interruptores cuentan con un sistema magnético de respuesta rápida ante sobrecorrientes abruptas (cortocircuitos), y con una protección térmica basada en un bimetal que se desconecta ante sobrecargas de ocurrencia más lenta (sobrecargas).

Estos disyuntores se emplean para proteger cada circuito de la instalación, y su principal función consiste en resguardar los conductores eléctricos ante sobrecorrientes que pueden producir aumentos de temperatura peligrosos.

c) Interruptor o Protector Diferencial

El interruptor diferencial es un elemento destinado a la protección de las personas contra los contactos indirectos; se instala en el tablero eléctrico después del interruptor automático del circuito que se desea proteger (generalmente circuitos de enchufes).

El interruptor diferencial censa la corriente que circula por la fase y por el neutro, que en condiciones normales debiesen ser iguales.

Si ocurre una falla en el aislamiento de algún artefacto eléctrico, es decir, si el conductor de fase queda en contacto con alguna parte metálica (conductora), y se origina una descarga a tierra, entonces la corriente que circulará por el neutro será menor a la que circula por la fase. Ante este desequilibrio el interruptor diferencial entrará en operación desconectando el circuito.

Este tipo de protecciones comúnmente tienen un nivel de sensibilidad que les permite comenzar a operar a partir de 30 miliamperes (0,03 A) de corriente de fuga.

Es muy importante recalcar que estas protecciones deben ser complementadas con un sistema de puesta a tierra; de lo contrario, el interruptor diferencial únicamente percibiría la fuga de corriente en el momento en que el usuario tocara la carcaza energizada de algún artefacto y, por lo tanto, habría el riesgo de que la persona recibiera la descarga eléctrica en ese momento.

- Motores eléctricos

Con base en el tipo de corriente con la que funcionan, los motores pueden dividirse en dos grandes grupos: los de corriente continua y los de corriente alterna.

Los motores de corriente contínua

De acuerdo con la forma en que están conectados, este tipo de motores se clasifican como sigue: serie, compound, shunt y sin escobillas. A continuación se describe cada uno de ellos.

Motor serie

Un motor serie es un tipo de motor eléctrico de corriente continua en el cual el devanado de campo (campo magnético principal) se conecta en serie con la armadura. Este devanado es producido por un alambre grueso, ya que debe soportar la corriente total de la armadura.

Debido a esto se produce un flujo magnético proporcional a la corriente de la armadura (carga del motor). Así,

cuando el motor tiene mucha carga, el campo serie produce un campo magnético mucho mayor, lo cual permite un esfuerzo de torsión o par mucho mayor y, consecuentemente, este tipo de motores desarrolla un torque muy elevado en el arranque.

Sin embargo, la velocidad puede variar ampliamente en función del tipo de carga que se tenga; por ejemplo, sin carga (no-load) o con carga completa (full-load).

Estos motores desarrollan un par de arranque muy elevado y pueden acelerar cargas pesadas rápidamente; de hecho, manejan cargas pesadas muy por encima de su capacidad completa.

Compound

Se designa así al motor de corriente continua cuya excitación es originada por dos bobinados inductores independientes; uno dispuesto en serie con el bobinado inducido y otro conectado en derivación con el circuito formado por los bobinados inducido, inductor serie, e inductor auxiliar.

Shunt

En este tipo de motor de corriente continua el bobinado inductor principal está conectado en derivación con el circuito formado por los bobinados inducido e inductor auxiliar. Al igual que en las dínamos, en los motores shunt las bobinas polares principales son construidas de muchas espiras y con hilos de poca sección, por lo que la resistencia del bobinado inductor principal es muy elevada.

Sin escobillas

Un motor sin escobillas es un motor que no las necesita para realizar el cambio de polaridad en el rotor, ya que sustituye el cambio de polaridad mecánica por una electrónica sin contacto.

En este caso la espira únicamente es impulsada cuando el polo es el correcto y, cuando no lo es, el sistema electrónico corta el suministro de corriente. Para detectar la posición de la espira del rotor se utiliza la detección de un campo magnético.

Además, este sistema electrónico puede informar de la velocidad de giro o si el motor está parado, e incluso cortar la corriente si se detiene para evitar que se queme.

Tienen la desventaja de que no pueden girar al revés al cambiarles la polaridad (+ y −); para lograrlo se pueden cruzar dos conductores del sistema electrónico.

Los motores de corriente alterna

Este tipo de motores se clasifican como síncronos, asíncronos y lineales.

Motores síncronos

Su velocidad de giro es constante y está determinada por la frecuencia de la tensión de la red a la que esté conectado y por el número de pares de polos del motor; esta velocidad es conocida como "velocidad de sincronismo". La expresión matemática que relaciona la velocidad de la máquina con los parámetros mencionados anteriormente es: n= f (por) p

Donde,

f: Frecuencia de la red a la que esta conectada la máquina (hercios) p: Número de pares de polos que tiene la máquina (número adimensional)

n: Velocidad de sincronismo de la máquina (revoluciones por minuto)

Por ejemplo, si se tiene una máquina de cuatro polos (2 pares de polos) conectada a una red de 50 Hz (frecuencia típica en Europa, en América es de 60 Hz), la máquina operará a 1500 r.p.m. (revoluciones por minuto).

Motores asíncronos

Su velocidad de giro es siempre inferior a la velocidad de sincronismo, y esa diferencia es mayor a medida que aumenta la carga resistente del motor.

La diferencia entre la velocidad de sincronismo y la real de la máquina es relativamente pequeña incluso con cargas elevadas.

Esta diferencia de velocidad se llama "deslizamiento".

Cuando se incrementa la potencia del motor suele ser necesario emplear diferentes sistemas de arranque para limitar la punta de corriente que se produce durante el arranque.

Debido al principio en que basan su funcionamiento, también se les denomina motores de inducción. Por su simplicidad de funcionamiento y su robustez es el tipo de motor eléctrico más empleado.

Motores lineales

Usados ampliamente en guías lineales y en algunos tipos de trenes de alta velocidad.

PARA CONTEXTUALIZAR CON:

Realización del ejercicio

Competencia tecnológica:

Determinar las fallas de los equipos electrónicos

- Investiga qué tipo de motores tienen los equipos utilizados en los talleres de tu plantel

- Elabora una lista en la que los clasifiques conforme a sus principales características de

---

funcionamiento

- Plantea si estas diferencias en los motores te llevarían a proceder de manera distinta para hacer el diagnóstico de fallas o no, y por qué.

- Reúnete con otros compañeros, analicen tanto tus conclusiones como las de ellos

- Consulten con el PSP o con personas que trabajen en áreas de mantenimiento si lo que concluyeron es correcto o no y por qué

- El generador

Los componentes y el funcionamiento

La armadura o rotor

Gira por una fuerza mecánica externa y el voltaje que se conecta a un circuito externo; esto es, la armadura del generador suministra corriente a un circuito externo.

El conmutador

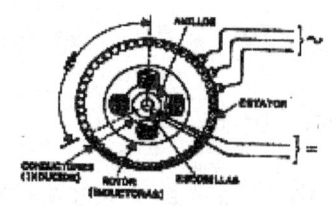

Convierte la corriente alterna que fluye en su armadura corriente continua en sus terminales.

El conmutador consiste en segmentos de cobre, de los cuales hay un par por cada bobina de la armadura; cada segmento del conmutador está aislado de los demás con mica. Los segmentos están montados sobre el eje de la armadura y aislados de éste y del hierro de la misma.

En el bastidor de la máquina se montan escobillas estacionarias de manera que hagan contacto con segmentos opuestos del conmutador.

Las escobillas

Son conectores estacionarios de grafito que se montan con un resorte para que resbalen o rocen el conmutador en el eje o flecha de la armadura. De esta manera, las escobillas proporcionan la conexión entre las bobinas de la armadura y la carga externa.

El devanado del campo

Este electroimán produce el flujo que corta la armadura. La corriente que produce el campo puede provenir de una fuente externa llamada excitatriz o de la salida de su propia armadura.

Tipos de generadores

Los generadores pueden ser de corriente continua o de corriente alterna. A continuación se describen sus principales características y forma de funcionamiento particular.

Los generadores de corriente continua

Si una armadura gira entre dos polos de campo fijos, la corriente en la armadura se mueve en una dirección durante la mitad de cada revolución, y en la otra dirección durante la otra mitad.

Así, para producir un flujo constante de corriente en una dirección –o corriente continua– en un aparato es necesario disponer de un medio para invertir el flujo de corriente fuera del

generador una vez durante cada revolución.

En las máquinas antiguas esta inversión se llevaba a cabo mediante un conmutador, que operaba con un anillo de metal partido montado sobre el eje de una armadura. Las dos mitades del anillo se aislaban entre sí y servían como bornes de la bobina. Las escobillas fijas de metal o de carbón se mantenían en contra del conmutador, que al girar conectaba eléctricamente la bobina a los cables externos.

Cuando la armadura giraba, cada escobilla estaba en contacto de forma alternativa con las mitades del conmutador, cambiando la posición en el momento en el que la corriente invertía su dirección dentro de la bobina de la armadura.

De este modo se producía un flujo de corriente de una dirección en el circuito exterior al que el generador estaba conectado.

Los generadores de corriente continua funcionan normalmente a voltajes bastante bajos para evitar las chispas que se producen entre las escobillas y el conmutador a voltajes altos.

El potencial más alto desarrollado para este tipo de generadores suele ser de 1.500 V. En algunas máquinas más modernas esta inversión se realiza usando aparatos de potencia electrónica, como por ejemplo rectificadores de diodo.

Los generadores de corriente continua modernos utilizan armaduras de tambor, que por lo general están formadas por un gran número de bobinas agrupadas en hendiduras longitudinales dentro del núcleo de la armadura y conectadas a los segmentos adecuados de un conmutador múltiple.

Si una armadura tiene un solo circuito de cable, la corriente que se produce aumentará y disminuirá dependiendo de la parte del campo magnético a través del cual se esté moviendo el circuito.

Un conmutador de varios segmentos usado con una armadura de tambor siempre conecta el circuito externo a uno de cable que se mueve a través de un área de alta intensidad del campo, y como resultado la corriente que suministran las bobinas de la armadura es prácticamente constante.

Los campos de los generadores modernos se equipan con cuatro o más polos electromagnéticos que aumentan el tamaño y la resistencia del campo magnético. En algunos casos, se añaden interpolos más pequeños para compensar las distorsiones que causa el efecto magnético de la armadura en el flujo eléctrico del campo.

Los generadores de corriente continua se clasifican según el método que usan para proporcionar corriente de campo que excite los imanes del mismo:

- Un generador de excitado en serie tiene su campo en serie respecto a la armadura

- Un generador de excitado en derivación, tiene su campo conectado en paralelo a la armadura.

- Un generador de excitado combinado tiene parte de sus campos conectados en serie y parte en paralelo.

Los dos últimos tipos de generadores tienen la ventaja de suministrar un voltaje relativamente constante, bajo cargas eléctricas variables. El de excitado en serie se usa sobre todo para suministrar una corriente constante a voltaje variable.

Los generadores de corriente alterna o alternadores

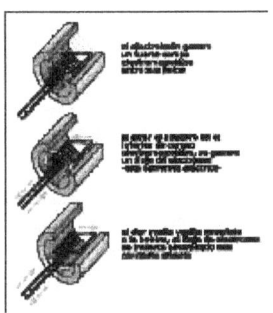

Como se mencionó antes, un generador simple sin conmutador producirá una corriente eléctrica que cambia de dirección a medida que gira la armadura. Esa forma de corriente alterna es ventajosa para la transmisión de potencia eléctrica, por lo que la mayoría de los generadores eléctricos son de este tipo.

En su forma más simple, un generador de corriente alterna se diferencia de uno de corriente continua en sólo dos aspectos: los extremos de la bobina de su armadura están fuera de los anillos colectores sólidos sin segmentos del árbol del generador en lugar de los conmutadores, y las bobinas de campo se excitan mediante una fuente externa de corriente continua más que con el generador en sí.

Los generadores de corriente alterna de baja velocidad se fabrican con hasta 100 polos, para mejorar su eficiencia y para lograr la frecuencia deseada con más facilidad. Los alternadores accionados por turbinas de alta velocidad, sin embargo, son a menudo máquinas de dos polos. La frecuencia de la corriente que suministra un generador de corriente alterna es igual a la mitad del producto del número de polos y el número de revoluciones por segundo de la armadura.

A veces, es preferible generar un voltaje tan alto como sea posible. Las armaduras rotatorias no son prácticas en este tipo de aplicaciones, debido a que pueden producirse chispas entre las escobillas y los anillos colectores, y a que pueden producirse fallos mecánicos que podrían causar cortocircuitos.

Por tanto, los alternadores se construyen con una armadura fija en la que gira un rotor compuesto de un número de imanes de campo.

El principio de funcionamiento es el mismo que el del generador de corriente alterna descrito con anterioridad, excepto en que el campo magnético (en lugar de los conductores de la armadura) está en movimiento.

La corriente que se genera mediante los alternadores descritos aumenta hasta un pico, cae hasta cero, desciende hasta un pico negativo y sube otra vez a cero varias veces por segundo, dependiendo de la frecuencia para la que esté diseñada la máquina. Este tipo de corriente se conoce como corriente alterna monofásica.

Sin embargo, si la armadura la componen dos bobinas montadas a 90° una de otra, y con conexiones externas separadas, se producirán dos ondas de corriente, una de las cuales estará en su máximo cuando la otra sea cero. Este tipo de corriente se denomina corriente alterna bifásica.

Si se agrupan tres bobinas de armadura en ángulos de 120°, se producirá corriente en forma de onda triple, conocida como corriente alterna trifásica. Se puede obtener un número mayor de fases incrementando el número de bobinas en la armadura, pero en la práctica de la ingeniería eléctrica moderna se usa sobre todo la corriente alterna trifásica, con el alternador trifásico, que es la máquina dinamoeléctrica que se emplea normalmente para generar potencia eléctrica.

PARA CONTEXTUALIZAR CON:

Repetición del ejercicio

Competencia tecnológica:

Determinar las fallas de los equipos electrónicos conforme a sus parámetros de funcionamiento

- Investiga qué tipo de generadores hay en los talleres e instalaciones del plantel

- Clasifícalos de acuerdo con el tipo de corriente que manejan (alterna o continua)

- Plantea si esas diferencias en los generadores te llevarían a proceder de manera distinta para hacer el diagnóstico de fallas o no, y por qué.

- Reúnete con otros compañeros, analicen tanto tus conclusiones como las de ellos

- Consulten con el PSP o con personas que trabajen en áreas de mantenimiento si lo que concluyeron es correcto o no y por qué.

RESULTADO DE APRENDIZAJE

Identificar las características de funcionamiento y operación de equipos electrónicos empleando fichas técnicas y manuales.

1.2.1. CARACTERÍSTICAS DE LOS EQUIPOS ELECTRÓNICOS

- Equipos electrónicos analógicos

Características

Los equipos electrónicos analógicos basan su funcionamiento en señales continuas, los cuales ingresan, procesan y entregan una salida del mismo tipo; al interior del equipo, esas señales son señales eléctricas que pueden ser originadas por distintos fenómenos físicos.

Dichas señales ingresan al equipo mediante dispositivos denominados transductores, que convierten señales del mundo real en señales eléctricas.

Además, cada señal es continua en el tiempo, de acuerdo al tipo de fenómeno que el transductor registra y convierte.

Parámetros de operación

Los parámetros de operación están determinados por el tipo de señal que debe procesar el equipo; desde voltajes y corrientes muy pequeños, hasta voltajes y corrientes de magnitud considerable.

Cada equipo particular contará con la capacidad necesaria para procesar esa información y entregar una señal de salida que pueda registrarse o que, mediante otro tipo de equipos, determine qué acciones deben llevarse a cabo.

Componentes de los equipos electrónicos analógicos

a) Los Transformadores

Se denomina transformador a un dispositivo electromagnético que permite aumentar o disminuir el voltaje y la intensidad de una corriente alterna, de forma tal que su producto permanezca constante.

¿Qué son?

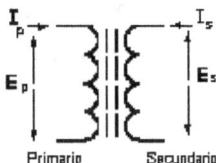

Los transformadores son dispositivos basados en la inducción electromagnética; en su versión más simple están constituidos por dos bobinas devanadas sobre un núcleo cerrado de hierro dulce. Una de estas bobinas o devanados se denomina primario y, el otro, secundario. La figura muestra esquemáticamente dicha estructura

¿Cómo funcionan?

Si se aplica una fuerza electromotriz alterna en el devanado primario, las variaciones de intensidad y sentido de la corriente alterna crearán un campo magnético variable dependiendo de la frecuencia de la corriente.

Este campo magnético variable originará, por inducción, la aparición de una fuerza electromotriz en los extremos del devanado secundario.

La relación entre la fuerza electromotriz inductora (Ep), la aplicada al devanado primario, y la fuerza electromotriz inducida (Es)- obtenida en el secundario- es directamente proporcional al número de espiras de los devanados primario (Np) y secundario (Ns) .

En un caso en el que el número de espiras o vueltas del secundario fuera 100 veces mayor que el del primario, y considerando que se aplicara una tensión alterna de 100 voltios en el primario, se obtendrían 10000 voltios en el secundario.

A la relación entre el número de vueltas o espiras del primario y las del secundario se le llama *relación de vueltas del transformador o relación de transformación.*

Ahora bien, en el caso de un transformador ideal, la potencia aplicada en el devanado primario debe ser igual a la obtenida en el devanado secundario, el producto de la fuerza electromotriz por la intensidad (potencia) también debe ser constante. Por ejemplo, si la intensidad circulante por el devanado primario es de 10 amperios, la del devanado secundario será de sólo 0,1 amperios.

Esta particularidad de los transformadores es muy útil para el transporte de energía eléctrica a larga distancia, ya que permite llevarlo a cabo a altas tensiones y pequeñas intensidades y, por lo tanto, con muy pequeñas pérdidas.

PARA CONTEXTUALIZAR CON:

Investigación documental

 *Competencia de información*

Consultar en la web *información relacionada con los equipos y sistemas electrónicos.*

- Investiga cuáles son los usos principales de los transformadores y qué características generales deben tener para poder ser usados en cada caso.

- Elabora un cuadro en el que presentes la información obtenida; organízalo de tal manera que la información siga una lógica y sea más fácil de entender

- Complementa el cuadro con una nota en la que plantees por qué son importantes los transformadores y cuáles son las medidas de seguridad que deben observarse cuando se trabaja con ellos.

b) Los diodos

- *¿Qué son y cómo funcionan?*

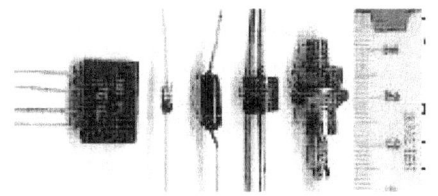

Un diodo es un dispositivo que permite el paso de la corriente eléctrica en una sola dirección.

De forma simplificada, la curva característica de un diodo (I-V) consta de dos regiones: por debajo de cierta diferencia de potencial se comporta como un circuito abierto, es decir, que no conduce corriente y, por encima de ella, como un circuito cerrado con muy pequeña resistencia eléctrica.

Debido a este comportamiento, se les suele denominar **rectificadores**, ya que son dispositivos capaces de convertir una corriente alterna en corriente continua.

¿Qué es un diodo pn ó unión pn?

Los diodos *pn* son uniones de dos materiales semiconductores extrínsecos tipos p y n, por eso se les conoce también como unión *pn*.

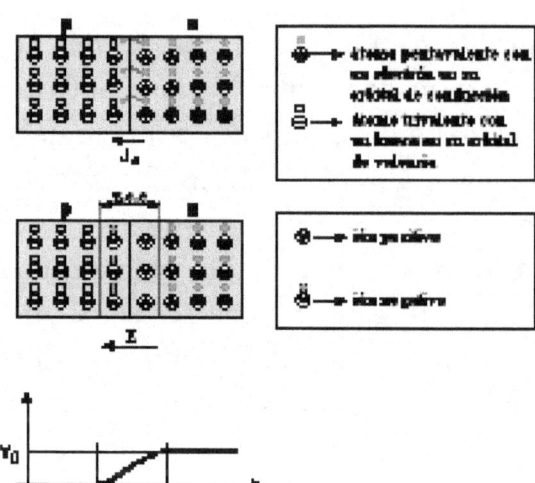

Hay que destacar que por separado ninguno de los dos cristales tiene carga eléctrica, ya que en cada cristal el número de electrones y protones es el mismo, esto es, que tanto el cristal *p* como el cristal *n* son neutros porque su carga neta es igual a cero.

Pero, al unir ambos cristales, se presenta una difusión de <u>electrones</u> del cristal *n* al *p*, tal y como se muestra en la figura

La Formación de la zona de carga espacial

Al establecerse estas corrientes aparecen cargas fijas en una zona a ambos lados de la unión que es conocida como zona de carga espacial, de agotamiento, de deplexión o de vaciado, entre otras.

A medida que avanza el proceso de difusión, la zona de carga espacial va incrementando su anchura profundizando en los cristales a ambos lados de la unión. Sin embargo, la acumulación de iones positivos en la zona *n* y de iones negativos en la zona *p*, crea un campo eléctrico (E) que actuará sobre los electrones libres de la zona n con una determinada fuerza de desplazamiento, que se opondrá a la corriente de electrones y terminará deteniéndolos.

Este campo eléctrico puede interpretarse como la diferencia de tensión entre las zonas *p* y *n*. Esta diferencia de potencial (V_0) es de 0,7 V en el caso del silicio y 0,3 V si los cristales son de germanio.

La anchura de la zona de carga espacial una vez alcanzado el equilibrio, suele ser del orden de 0,5 micras pero cuando uno de los cristales está mucho más dopado que el otro, la zona de carga espacial es mucho mayor.

El dispositivo que se consigue de esta manera se conoce como diodo y si, como en el caso descrito, no se encuentra sometido a una diferencia de potencial externa, se dice que no está polarizado.

Al extremo *p*, se le denomina ánodo, representándose por la letra A, mientras que la zona *n,* el cátodo, se representa por la letra C (o K).

A (p) ——▷|—— C ó K
(n)

Representación simbólica del diodo pn

Cuando el diodo se somete a una diferencia de tensión externa, se dice que el diodo está polarizado; la polarización puede ser directa o inversa.

La polarización directa

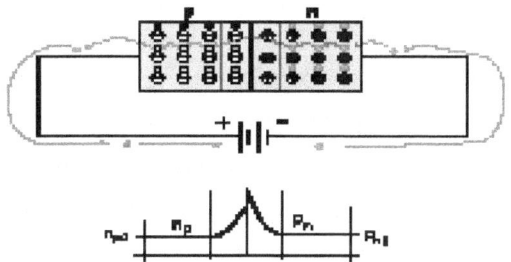

En este caso, la batería disminuye la barrera de potencial de la zona de carga espacial, permitiendo el paso de la corriente de electrones a través de la unión; es decir, el diodo polarizado directamente conduce la electricidad.

Para que un diodo esté polarizado directamente, debe conectarse el polo positivo de la batería al ánodo del diodo y el polo negativo al cátodo. En estas condiciones pueden observarse los siguientes comportamientos:

- El polo negativo de la batería repele los electrones libres del cristal *n*, con lo que estos electrones se dirigen hacia la unión *p-n*.

- El polo positivo de la batería atrae a los electrones de valencia del cristal *p*, es decir, que empuja a los huecos hacia la unión *p-n*.

- Cuando la diferencia de potencial entre los bornes de la batería es mayor que la diferencia de potencial en la zona de carga espacial, los electrones libres del cristal *n*, adquieren la energía suficiente para saltar a los huecos del cristal *p*, los cuales se han desplazado previamente hacia la unión *p-n*.

- Una vez que un electrón libre de la zona n salta a la zona p atravesando la zona de carga espacial, cae en uno de los múltiples huecos de la zona *p* convirtiéndose en electrón de valencia. Una vez ocurrido esto el electrón es atraído por el polo positivo de la batería y se desplaza de átomo en átomo hasta llegar al final del cristal *p*, desde el cual se introduce en el hilo conductor y llega hasta la batería.

- De este modo, con la batería cediendo electrones libres a la zona *n* y atrayendo electrones de valencia de la zona *p*, aparece a través del diodo una corriente eléctrica constante hasta el final.

La polarización inversa

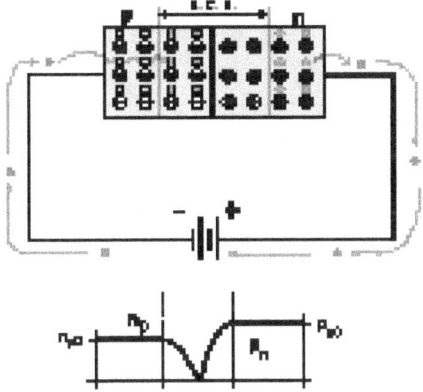

En este caso, el polo negativo de la batería se conecta a la zona *p* y el polo positivo a la zona *n*, lo que hace aumentar la zona de carga espacial y la tensión en dicha zona hasta que se alcanza el valor de la tensión de la batería, tal y como se explica a continuación:

- El polo positivo de la batería atrae a los electrones libres de la zona *n* y salen del cristal *n* para introducirse en el conductor dentro del cual se desplazan hasta llegar a la batería.

A medida que los electrones libres abandonan la zona *n*, los átomos pentavalentes que antes eran neutros –al verse desprendidos de su electrón en el orbital de conducción– adquieren estabilidad (8 electrones en la capa de valencia) y una carga eléctrica neta de +1, con lo que se convierten en iones positivos

- El polo negativo de la batería cede electrones libres a los átomos trivalentes de la zona p.

- Es conveniente recordar que estos átomos sólo tienen 3 electrones de valencia, con lo que una vez que han formado los enlaces covalentes con los átomos de silicio, tienen solamente 7 electrones de valencia, siendo el electrón que falta el denominado hueco.

- Cuando los electrones libres cedidos por la batería entran en la zona p, caen dentro de estos huecos, y los átomos trivalentes adquieren estabilidad (8 electrones en su orbital de valencia) y una carga eléctrica neta de −1, convirtiéndose así en iones negativos.

- Este proceso se repite una y otra vez hasta que la zona de carga espacial adquiere el mismo potencial eléctrico que la batería.

- En esta situación, el diodo no debería conducir la corriente; sin embargo, debido al efecto de la temperatura se forman pares electrón–hueco a ambos lados de la unión produciendo una pequeña corriente (del orden de 1 µA), denominada corriente inversa de saturación.

- Además, existe la llamada corriente superficial de fugas que conduce una pequeña corriente por la superficie del diodo, ya que en la superficie, los átomos de silicio no están rodeados de suficientes átomos para realizar los cuatro enlaces covalentes necesarios para obtener estabilidad. Esto hace que los átomos de la superficie del diodo, tanto de la zona n como de la p, tengan huecos en su orbital de valencia con lo que los electrones circulan sin dificultad a través de ellos. No obstante, al igual que la corriente inversa de saturación, la corriente superficial de fugas es despreciable.

Curva característica del diodo

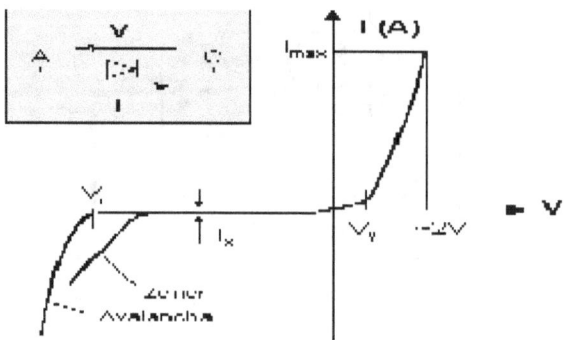

La tensión umbral, de codo o de partida (V_Y

El valor de la tensión umbral, conocida también como "barrera de potencial de polarización directa", coincide con la tensión de la zona de carga espacial del diodo no polarizado. Al polarizar directamente el diodo, la barrera de potencial inicial se va reduciendo y se incrementa ligeramente la corriente: alrededor del 1% de la nominal. Sin embargo, cuando la tensión externa supera la tensión umbral, la barrera de potencial desaparece, de forma que para pequeños incrementos de tensión se producen grandes variaciones de la intensidad.

La corriente máxima (I_{max})

Es la mayor intensidad de corriente que puede conducir el diodo sin fundirse por el *efecto Joule*.

Como dicho valor está en función de la cantidad de calor que puede disipar el diodo, finalmente la corriente máxima dependerá del diseño del diodo.

La corriente inversa de saturación (I_s)

Es la pequeña corriente que se establece al polarizar inversamente el diodo por la formación de pares electrón-hueco debido a la temperatura, considerando su valor se duplica por cada incremento de 10° en la temperatura.

La corriente superficial de fuga

Se denomina así a la pequeña corriente que circula por la superficie del diodo (ver polarización inversa. Esta corriente está en función de la tensión aplicada al diodo; luego entonces, al aumentar la tensión, aumenta la corriente superficial de fugas.

El efecto avalancha (diodos poco dopados).

En la polarización inversa se generan pares electrón-hueco que provocan la

corriente inversa de saturación; si la tensión inversa es elevada, los electrones se aceleran incrementando su energía cinética de forma que al chocar con electrones de valencia pueden provocar su salto a la banda de conducción.

Estos electrones liberados, a su vez, se aceleran por efecto de la tensión, chocando con más electrones de valencia y liberándolos a su vez.

El resultado es una *avalancha* de electrones que provoca una corriente grande. Este fenómeno se produce para valores de la tensión superiores a 6 V.

El efecto Zener (diodos muy dopados).

Cuanto más dopado está el material, menor es la anchura de la zona de carga. Puesto que el campo eléctrico E puede expresarse como cociente de la tensión V entre la distancia d; cuando el diodo esté muy dopado, y por tanto d sea pequeño, el campo eléctrico será grande, del orden de $3 \cdot 10^5$ V/cm.

En estas condiciones, el propio campo puede ser capaz de arrancar electrones de valencia incrementándose la corriente. Este efecto se produce para tensiones de 4 V o menores.

Para tensiones inversas entre 4 y 6 V la ruptura de estos diodos especiales, como los Zener, se puede producir por ambos efectos.

La tensión de ruptura (V_r).

Es la tensión inversa máxima que el diodo puede soportar antes de darse el *efecto avalancha*.

Teóricamente, al polarizar inversamente el diodo, éste conducirá la corriente inversa de saturación; en la realidad, a partir de un determinado valor de la tensión, en el diodo *normal* o de *unión abrupta* la ruptura se debe al efecto avalancha.

¿Cuáles son las principales aplicaciones del diodo?

El **rectificador de media onda** es un circuito empleado para eliminar la parte negativa de una señal de corriente alterna de entrada (Vi) convirtiéndola en corriente continua de salida (Vo).

Es el circuito más sencillo que puede construirse con un diodo.

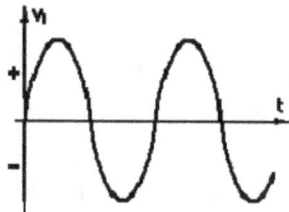

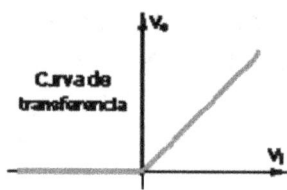

Curva de transferencia

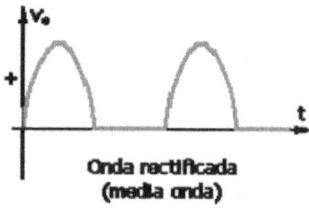

Onda rectificada
(media onda)

El **rectificador de onda completa** es un circuito empleado para convertir una señal de corriente alterna de entrada (Vi) en corriente continua de salida (Vo) pulsante. A diferencia del rectificado de media onda, en este caso, la parte negativa de la señal se convierte en positiva.

Existen dos alternativas para hacerlo, empleando dos diodos o empleando cuatro (puente de Graetz).

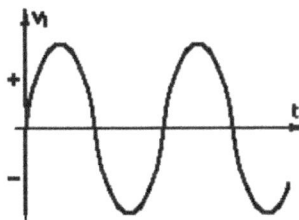

Curva de transferencia

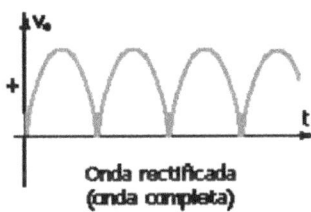

Onda rectificada
(onda completa)

Otras aplicaciones del diodo incluyen el estabilizador Tener, el recortador, el integrador y diferenciador RC, el circuito fijador y el multiplicador.

PARA CONTEXRUALIZAR CON:

Redacción de trabajo

Competencia científico-teórica

Identificar los tipos y características

de los componentes electrónicos

- Lee y analiza qué son los diodos y cuáles pueden ser sus distintas características

- Aprovecha tus conocimientos de química y el breve recordatorio que se hizo al principio del manual para explicar cómo se produce la electricidad y,

- Elabora junto con tus compañeros de equipo una presentación gráfica sobre la forma en que operan los diodos, y compleméntenla con los textos necesarios para explicar con sus propias palabras qué es la zona de carga espacial, cómo se logra la polarización directa y cómo la inversa incluyan también la información acerca de las aplicaciones de otro tipo de diodos semiconductores.

Investigación documental en equipo

Competencia tecnológica

Identificar los tipos y características de componentes electrónicos

- Investiga junto con tus compañeros de equipo qué tipo de aplicaciones tienen los siguientes diodos semiconductores: diodo Zener, diodo avalancha, diodo LED e IRED, diodo Varicap, Fotodiodo, diodo Schottky, diodo túnel y diodo láser.

- Analicen la información obtenida y elaboren un cuadro que pueda servirles como apoyo para sus actividades a futuro.

- Comparen sus resultados con los de otros compañeros y ajústenlo para que incluya la información más relevante.

Dispositivos de dos y tres terminales

¿Qué son y cómo funcionan las resistencias?

Se denomina resistencia o resistor a un componente electrónico que está diseñado para introducir una determinada resistencia eléctrica entre dos puntos de un circuito. En otros casos, como en las planchas, calentadores, etc., las resistencias se emplean para producir calor aprovechando el *Efecto Joule*. Es frecuente utilizar la palabra *resistor* como sinónimo de *resistencia*.

La corriente máxima de una resistencia viene condicionada por la máxima potencia que puede disipar su cuerpo. Esta potencia se puede identificar visualmente a partir del diámetro sin que sea necesaria otra indicación. Los valores más comunes son 0.25 W, 0.5 W y 1 W.

Las resistencias de baja potencia que se utilizan en los circuitos electrónicos se identifican también mediante un código de barras de colores. Para caracterizarlas se deben incluir al menos tres valores: la resistencia eléctrica, la disipación máxima y la precisión.

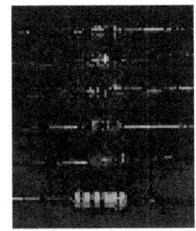

Los datos adicionales se indican mediante un conjunto de rayas de colores sobre el cuerpo del elemento. Pueden ser tres, cuatro o cinco rayas; la línea que corresponda a la tolerancia normalmente es dorada o plateada y siempre debe colocarse a la derecha, y la anterior a ella es el multiplicador. Para identificar el código de una resistencia la lectura de las rayas debe hacerse de izquierda a derecha.

En el anexo que aparece en la última parte de este manual puede consultarse el código de colores que se utiliza para identificar las resistencias de baja potencia.

El valor de la resistencia se obtiene leyendo las cifras como un número de una, dos o tres cifras; se multiplica por el multiplicador y se obtiene el resultado en Ohm (Ω). Cabe señalar que el coeficiente de temperatura únicamente se aplica en resistencias de alta precisión (<1%).

Éste es un ejemplo de la lectura del código de colores que corresponde a una resistencia de 470.000 Ω (470 k Ω), con una tolerancia del 10%.

Tolerancia = Plateado (10%); Multiplicador = Amarillo (10,000); 2°cifra = Violeta (7); 1°cifra = Amarillo(4)

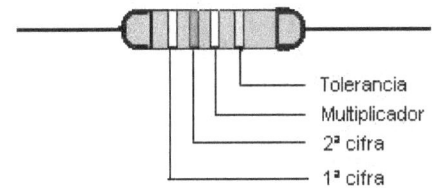

Tolerancia
Multiplicador
2ª cifra
1ª cifra

PARA CONTEXTUALIZAR CON:

Realización del ejercicio

Competencia tecnológica

Identificar los tipos y características de los componentes electrónicos

- Localiza en algunas páginas de Internet, en un texto, o físicamente, 20 ejemplos de resistencias que incluyan código de colores.

- Dibuja cada uno de ellos y haz la "lectura" correspondiente para que determines qué valores maneja cada resistencia

- Pide a dos de tus compañeros que revisen tu ejercicio y revisa tú los de otros dos.

- Si tienen alguna duda consulten con el PSP

Los Condensadores

¿En qué consisten?

Un **condensador**, a veces denominado con el anglicismo **capacitor**, es un dispositivo formado por dos conductores o armaduras – generalmente en forma de placas o láminas– separados por un material dieléctrico, los cuales adquieren una determinada carga eléctrica cuando se les somete a una diferencia de potencial.

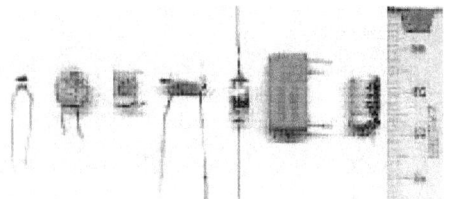

A esta propiedad de almacenamiento de carga se le denomina capacidad, y en el Sistema internacional de unidades se mide como Farad (F).

El Farad es la capacidad que tiene un condensador para adquirir una carga eléctrica de un coulomb cuando sus armaduras son sometidas a una diferencia de potencial de un volt

Aunque esta unidad de medida es la que sirve de referencia para indicar cuál es la capacidad de un condensador, en la mayoría de los casos esta cifra es mucho menor, así que en la práctica la capacidad de un condensador se expresa en $\mu F = 10^{-6}$ Farad, nanoF$= 10^{-9}$ Farad y, picoF $= 10^{-12}$ Farad.

¿Cuáles son sus aplicaciones típicas?

Los condensadores suelen usarse como:

- Baterías, por su cualidad de almacenar energía

- Memorias, por la misma cualidad

- Filtros

- Adaptadores de impedancia, haciéndoles resonar a una frecuencia dada con otros componentes

- Medio para modular FM, junto con un diodo.

Los inductores

Un inductor es un elemento pasivo de un circuito eléctrico que almacena energía en forma de campo magnético, debido al fenómeno de la autoinducción.

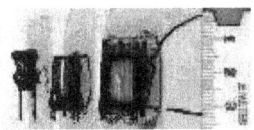

Por lo general, un inductor está constituido por una bobina de material conductor, típicamente, un cable de cobre. Existen inductores con núcleo de aire, o con núcleo de un material ferroso que permite incrementar su inductancia.

Los inductores pueden también estar construidos en circuitos integrados, para lo cual se sigue el mismo proceso utilizado en la elaboración de microprocesadores. En estos casos es común que se utilice el aluminio como material conductor.

Sin embargo, es raro que se construyan inductores dentro de los circuitos integrados pues resulta más práctico usar un circuito llamado "girador" que, mediante un amplificador operacional, hace que un condensador se comporte como si fuese un inductor.

También pueden fabricarse pequeños inductores útiles para frecuencias muy altas, mediante un conductor que se pasa a través de un cilindro de ferrita o granulado.

Los transistores

¿En qué consisten?

El término transistor es la contracción de *transfer resistor*, es decir, de la expresión "resistencia de transferencia".

El Transistor es un dispositivo electrónico semiconductor que se utiliza como amplificador o conmutador electrónico.

Es un componente clave en toda la electrónica moderna, y es ampliamente utilizado como parte de conmutadores electrónicos, puertas lógicas, memorias de ordenadores y otros dispositivos.

En el caso de los circuitos analógicos, los transistores son utilizados como amplificadores, osciladores y generadores de ondas.

Sus inventores, John Bardeen, William Bradford Shockley y Walter Brattain, lo llamaron así por la propiedad que tiene de cambiar la resistencia al paso de la corriente eléctrica entre el emisor y el colector.

El transistor se utiliza, por tanto, como amplificador. Además, como todo amplificador, el transmisor puede usarse como oscilador y también como rectificador y como conmutador on-off.

El transistor también funciona puede funcionar como un interruptor electrónico; propiedad que se aplica en el campo de la electrónica para diseñar algunos tipos de memorias y de otros circuitos como controladores de motores de DC y de pasos.

¿Cómo es y cómo funciona la estructura interna de un transistor?

Cuando se trata de un transistor bipolar, su estructura tiene tres partes, como el triodo: un emisor que emite portadores; un colector que los recibe o recolecta; y, una base que, intercalada entre las otras dos, se encarga de modular el paso de dichos portadores.

Los transistores bipolares funcionan mediante una pequeña señal eléctrica que se aplica entre la base y el emisor y que modula la corriente que circula entre emisor y colector.

La señal base-emisor puede ser muy pequeña en comparación con la que se da emisor-colector. La corriente emisor-colector es aproximadamente de la misma magnitud que la base-emisor pero amplificada en un factor de amplificación "Beta".

Durante su funcionamiento normal, la juntura base-emisor está polarizada en directa, mientras que la base-colector en inversa. Los portadores de carga emitidos por el emisor atraviesan la base, que por ser muy angosta, hay poca recombinación de portadores, y la mayoría pasa al colector.

Tipos de transistores

Los transistores bipolares a que se hizo referencia en los párrafos anteriores, constituyen uno de los más comunes; sin embargo, existen otros.

La clasificación más aceptada consiste en dividirlos en transistores bipolares o BJT (*bipolar junction transistor*) y transistores de efecto de campo o FET (*field effect transistor*). La familia de los transistores de efecto de campo es a su vez bastante amplia, englobando los JFET, MOSFET, MISFET, etc.

Los transistores bipolares se desarrollaron antes que los de efecto de campo o FET.

La diferencia básica entre ambos tipos de transistores (BJT y FET) radica en la forma en que se controla el flujo de corriente. En los transistores bipolares -que poseen una baja impedancia de entrada- el control se ejerce inyectando una baja corriente (corriente de base), mientras que en el caso de los transistores de efecto de campo -que poseen una alta

impedancia- éste se logra a través del voltaje (tensión de puerta).

Las dos figuras que aparecen a continuación ilustran esquemáticamente ambos tipos de transistores. Como se observa en la primera figura, los transistores bipolares (BJT – *Bipolar Junction Transistor),* se pueden integrar como transistores PNP o como NPN.

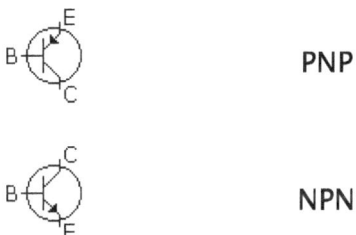

PNP

NPN

Símbolos esquemáticos para los BJT de tipo PNP y NPN. B=Base, C=Colector y E=Emisor

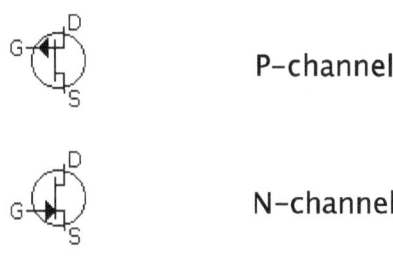

P–channel

N–channel

Transistores de efecto de campo

Los transistores MOSFET tienen en común con los FET su ausencia de cargas en las placas metálicas así como un solo flujo de campo. Suelen venir integrados en capas de *arrays* con polivalencia de 3 a 4Tg y por lo general trabajan a menor rango que los BICMOS y los PIMOS.

Los transistores de efecto de campo o FET más conocidos son los JFET (Junction Field Effect Transistor), MOSFET (Metal–Oxide–Semiconductor FET) y MISFET (Metal–Insulator–Semiconductor FET).

Este tipo de transistores tienen tres terminales denominadas puerta (*gate*), drenador (*drain*) y fuente (*source*).

La puerta es la terminal equivalente a la base del BJT. El transistor de efecto de campo se comporta como un interruptor controlado por tensión, donde el voltaje aplicado a la puerta permite hacer que fluya o no corriente entre drenador y fuente.

Como se mencionó antes, el funcionamiento de los transistores de efecto de campo es distinto al del BJT.

Por ejemplo, en los MOSFET, la puerta no absorbe corriente en absoluto, mientras que en los BJT, la corriente que atraviesa la base no siempre puede ser despreciada, a pesar de que es pequeña en comparación con la que circula por las otras terminales.

Los MOSFET, además, presentan un comportamiento capacitivo muy acusado que hay que tener en cuenta para el análisis y diseño de circuitos.

Así como los transistores bipolares se dividen en NPN y PNP, los de efecto de campo o FET son también de dos tipos: canal n y canal p, dependiendo de si la aplicación de una tensión positiva en la puerta pone al transistor en estado de conducción o de no-conducción, respectivamente.

Los transistores de efecto campo MOS son usados extensísimamente en electrónica digital, y son el componente fundamental de los circuitos integrados o *chips* digitales.

Los transistores y electrónica de potencia

Con el desarrollo tecnológico y la evolución de la electrónica, la capacidad de los dispositivos semiconductores para soportar cada vez mayores niveles de tensión y corriente ha permitido su uso en aplicaciones de potencia.

Tal es el caso de los transistores que son empleados como convertidores estáticos de potencia, principalmente Inversores.

Un ejemplo en este sentido es el tiristor. Se trata de un dispositivo semiconductor formado por cuatro capas de material semiconductor con estructura PNPN o bien NPNP. Sus siglas en inglés son SCR (Silicon Controlled Rectifier).

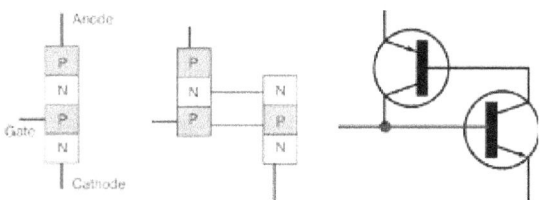

Como se puede observar en el diagrama, un tiristor posee tres conexiones: ánodo, cátodo y puerta. La puerta es la encargada de controlar el paso de corriente entre el ánodo y el cátodo.

Funciona básicamente como un diodo rectificador controlado, permitiendo circular la corriente en un solo sentido.

Mientras no se aplique ninguna tensión en la puerta del tiristor no se inicia la conducción, pero en el momento en que ésta se aplique el tiristor comenzará a hacer la conducción.

Aunque después de haber arrancado el proceso, se puede anular la tensión de puerta, el tiristor continuará conduciendo hasta que la corriente de carga disminuya por debajo de la corriente de mantenimiento. Si se trabaja en corriente alterna el tiristor se desactiva en cada alternancia o ciclo.

Los tiristores se utilizan en aplicaciones de electrónica de potencia y de control y funcionan como un interruptor electrónico.

PARA CONTEXTUALIZAR CON:

Redacción de trabajo en equipo

Competencia tecnológica

Identificar posibles fallas en los componentes y dispositivos electrónicos

- Lean cuidadosamente la que ofrece el manual sobre las características y principios de funcionamiento de las resistencias, los condensadores, los inductores y los transistores.

- Elaboren un cuadro en el que resuman dicha información.

- Analícenla y propongan qué tipo de fallos pudieran presentarse en cada uno de ellos y por qué.

- Presenten sus conclusiones al grupo, compárenlas con las de los otros equipos para identificar semejanzas y diferencias y, sobre todo, para que analicen los argumentos en que se basan y determinen si son correctas o no.

1.2.2. LOS EQUIPOS ELECTRÓNICOS DIGITALES

Los equipos electrónicos digitales basan su funcionamiento en el procesamiento de señales eléctricas discretas, las cuales pueden ingresar a ellos tanto de manera analógica como digital.

Los componentes de este tipo de equipos están basados en el uso de semiconductores tales como el silicio y el germanio.

Por la forma en que tratan las señales, los equipos digitales son más eficientes y versátiles que los analógicos.

Un ejemplo muy elocuente de estas diferencias son los aparatos de sonido: un tocacintas está integrado por componentes analógicos, en tanto que un reproductor de discos compactos basa su funcionamiento en componentes digitales y su señal también es digital.

Evidentemente, tanto la calidad de la resolución, como la capacidad de almacenamiento de información varían considerablemente de uno a otro.

La electrónica de los equipos digitales es más compleja porque los componentes digitales, por pequeños que sean, constituyen en sí mismos sistemas electrónicos funcionales; además, porque los componentes electrónicos digitales tienen una densidad mayor de elementos. Por ejemplo, un circuito integrado puede contener miles de transistores.

Parámetros de operación

Los parámetros de operación de los equipos electrónicos digitales se caracterizan por manejar magnitudes de corriente muy bajas; asimismo, el voltaje es menor que el de los equipos electrónicos analógicos.

Por ejemplo, el voltaje que utiliza una computadora en su arquitectura electrónica es pequeña porque se basa en señales digitales de baja magnitud.

- **Componentes de equipos electrónicos digitales.**

¿Qué son los multivibradores?

Los multivibradores son dispositivos que tienen su origen en el osciloscopio y aunque sus procedimientos y resultados son distintos a los de él, los multivibradores también constituyen circuitos productores de señales.

Hay tres tipos de multivibradores principales: el estable, el biestable y el monoestable.

El Multivibrador estable

El multivibrador estable provoca dos etapas de funcionamiento que se reemplazan espontáneamente. Los bloqueos que despliega en cada ciclo no son de origen electromagnético – como ocurre en el oscilador–, sino que utilizan las propiedades de un par de transistores en los que el desbloqueo de uno asegura el bloqueo del otro, de modo que se turnan en estas posiciones.

En el siguiente esquema se ejemplifica un circuito básico de multivibrador estable.

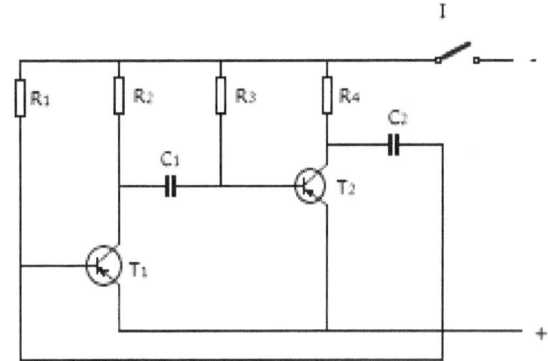

Como se advierte, este circuito básico tiene un enorme parecido con el de un amplificador de dos etapas, aunque también presenta algunas particularidades.

Al respecto, es importante observar que la salida del transistor T2 está conectada por el condensador C2 a la base del transistor T1, es decir, que se trata de un circuito de realimentación.

Dicho circuito funciona de la siguiente manera:

En el momento en que el Interruptor (I) se cierra, la corriente que procede del dispositivo pasa a través del emisor para alimentar la base del transistor T1; de ahí sigue a la base de T2 que, a su vez se hace pasante y deriva toda su corriente negativa a través del condensador C2 hacia la base de T1, la cual se hace más pasante; se realimenta de nuevo la base de T2 y aumenta el paso de la corriente, ... etcétera, en una permanente y rápida sucesión de amplificaciones que duran hasta que se alcancen los valores máximos que el dispositivo permite.

En ese momento, uno de los transistores –el T2– se abre y comienza a establecerse el relevo entre los dos transistores.

Cuando el T1 alcanza su máximo de conducción, la tensión de colector de este transistor disminuye, circunstancia que se transmite, lógicamente, a la base del transistor T2.

Pero además, estas variaciones de tensión se hacen positivas, lo que bloquea la base de T2. Esta es la razón por la que el transistor citado se bloquea, situación que se mantiene solamente un breve período de tiempo.

Llegado el momento, la tensión en el condensador C1 comienza a disminuir y, debido a la resistencia de base R3, se va preparando un paso negativo para alimentación de la base T2 a través del negativo de la red, situación que se materializa cuando la tensión de C1 está por debajo de la tensión negativa de este punto.

Así cuando T2 reciba tensión negativa en la base se producirá una rápida amplificación de la corriente hasta que llegue el momento de la conducción al máximo de T2, y entonces se origina una depresión en la tensión que nos devuelve a la misma situación del caso anterior, ya que el transistor T2 se bloquea.

El Multivibrador biestable

El principio de funcionamiento de los multivibradores biestables puede ilustrarse mediante el análisis del siguiente esquema.

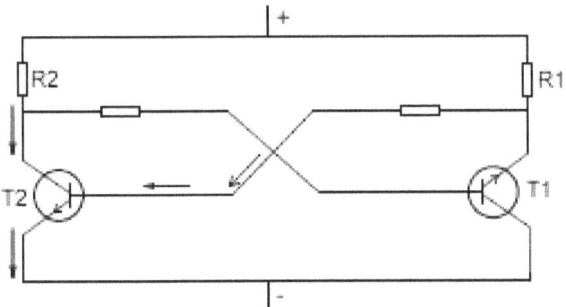

El multivibrador biestable consta de dos transistores. Así que si el T2 funciona es gracias a la corriente positiva de base que le llega a través de la resistencia R1; y esto, tal y como lo indican las flechas, lo convierte en pasante.

En estas condiciones el transistor T1 no puede conducir, a menos que haya una intervención o impulso exterior. En efecto, si se le aplica una señal de entrada de sentido conveniente sobre los colectores del montaje, la situación se invierte.

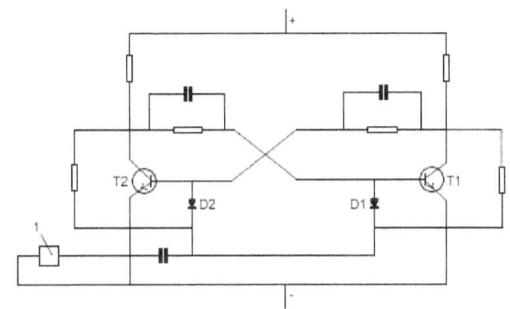

En la imagen se presenta un circuito más completo. Para entender su funcionamiento, es recomendable analizar la siguiente explicación con el apoyo del esquema.

En el punto 1 se encuentra el generador de impulsos que controla las bases de los transistores de que consta este multivibrador.

En el supuesto de que el transistor T2 sea pasante, el diodo D1 queda sometido a una tensión contraria importante, mientras el diodo D2 no está sometido a dicha tensión. Por ello, cuando se da un impulso negativo desde el generador (1) y este impulso se reparte por igual en ambas bases, el diodo D2 es el primero en conducir, con lo que se invierte la situación: T1 se convierte en conductor y T2 se bloquea.

Este tipo de multivibradores biestables se utiliza en los microordenadores y en muchos de los casos se sustituye la acción de los diodos comunes por la introducción de diodos Zener.

El Multivibrador monoestable

Este tipo de multivibrador es utilizado con frecuencia en los computadores de los sistemas de encendido integrales, así como en los microordenadores generales de control de la inyección y otros servicios del automóvil.

Se trata de un dispositivo formado por dos transistores capaces de pasar de un estado estable a otro inestable, por los efectos de un impulso.

Además, tiene la particularidad de que la duración del estado inestable depende de las constantes del dispositivo.

En la imagen se presenta un esquema gráfico de un multivibrador monoestable.

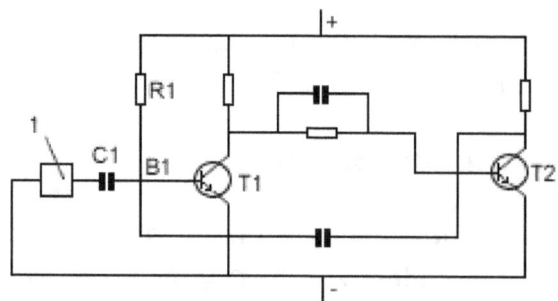

En el dispositivo, el generador de impulsos aparece marcado con el número 1.

Así, cuando el generador de impulsos no funciona, la corriente positiva pasa a alimentar la base del transistor NPN (T1) a través de la residencia R1, y se hace pasante, impidiendo el funcionamiento del transistor T2.

Si un impulso negativo se envía a B1 procedente del generador (1), el circuito de base de T1 se corta y el transistor se bloquea; esto permite la alimentación de la base de T" y la conducción de este transistor.

La carga del condensador C1 hace subir la tensión según una constante de tiempo que depende de los valores de R1 y de C1, y cuando adquiere unos valores suficientes la base de T1 recobra su corriente, por lo que T2 se bloquea.

PARA CONTEXTUALIZAR CON:

Trabajo en equipo

Competencia científico teórica

Identificar posibles fallas en los componentes electrónicos

- Repasen la información relativa a las características y principios de funcionamiento de los distintos tipos de multivibradores que se presentó en el manual.

- Busquen la manera de ver estos dispositivos operando en la práctica y regresen nuevamente a la información anterior para que redacten con sus propias palabras una explicación sobre la manera en que funcionan estos dispositivos.

- Planteen qué fallas comunes pudieran presentar los multivibradores y qué consecuencias tendrían en el funcionamiento de los equipos

de los que formaran parte.

¿Qué son las compuertas lógicas?

Las compuertas lógicas son dispositivos que permiten realizar operaciones con estados que pueden ser representados mediante el uno y el cero lógicos, y que funcionan igual que una calculadora.

Como se puede ver en el siguiente esquema, el proceso es muy sencillo: primero se introducen los datos, después la compuerta realiza una operación y finalmente se muestra el resultado.

Cada una de las compuertas lógicas se puede representar mediante un símbolo, en tanto que el resultado de la operación (operación lógica}) para los distintos valores puede visualizarse por medio de una tabla, llamada Tabla de Verdad.

La compuerta NOT

Se trata de un inversor, es decir, invierte el dato de entrada. Por ejemplo; si se pusiera como entrada el valor 1 (y éste significara, nivel alto), se obtendría como salida el 0, es decir, valor bajo, y viceversa.. Esta compuerta dispone de una sola entrada. Su operación lógica es s igual a no a, es decir, al valor de a, invertido.

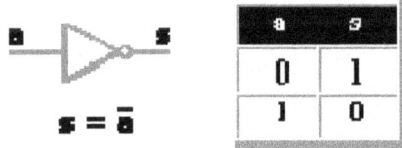

a	s
0	1
1	0

$s = \bar{a}$

La compuerta AND

Una compuerta AND tiene dos entradas como mínimo y su operación lógica es un producto entre ambas, no es un producto aritmético, aunque en este caso coincidan.

Analiza la siguiente tabla de verdad para la compuerta AND para que confirmes cómo la salida o resultado es alto(1) si las dos entradas son altas(1).

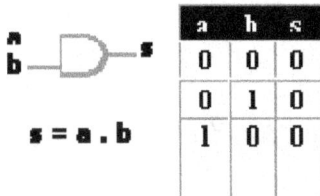

a	b	s
0	0	0
0	1	0
1	0	0

$s = a \cdot b$

La Compuerta OR

Al igual que la anterior, posee dos entradas como mínimo, y la operación es una suma lógica entre ambas; es decir que si una o ambas son altas(1), entonces el resultado es alta(1): basta que una de ellas sea 1 para que su salida sea 1 también.

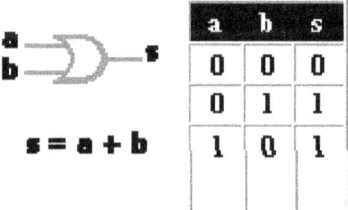

a	b	s
0	0	0
0	1	1
1	0	1

$s = a + b$

La Compuerta OR-EX o XOR

Es similar a la compuerta OR pero no se acepta que ambas entradas sean altas. Se denomina OR Exclusiva, porque el valor 1 sólo debe estar en una de las entradas. Lo que hace esta compuerta es suma lógica entre a por b invertida y a invertida por b.

Al ser O Exclusiva su salida será 1 si una y sólo una de sus entradas es 1

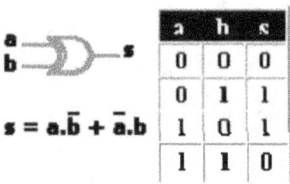

a	b	s
0	0	0
0	1	1
1	0	1
1	1	0

$s = a.\bar{b} + \bar{a}.b$

Las compuertas Lógicas Combinadas

Al agregar una compuerta NOT a cada una de las compuertas anteriores, los resultados de sus respectivas tablas de verdad se invierten, y dan origen a tres nuevas compuertas llamadas NAND, NOR y NOR-EX.

La compuerta NAND

Esta compuerta responde a la inversión del producto lógico de sus entradas. En su representación simbólica se reemplaza la compuerta NOT por un círculo a la salida de la compuerta AND.

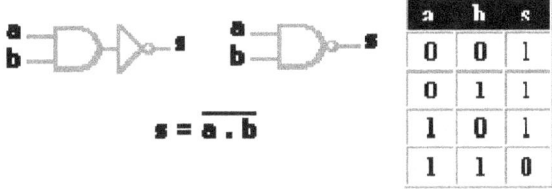

$$s = \overline{a \cdot b}$$

a	h	s
0	0	1
0	1	1
1	0	1
1	1	0

La compuerta NOR

El resultado que se obtiene a la salida de esta compuerta resulta de la inversión de la operación lógica "o inclusiva" es como un no a y/o b. Igual que antes, sólo se agrega un círculo a la compuerta OR y así se obtiene una NOR.

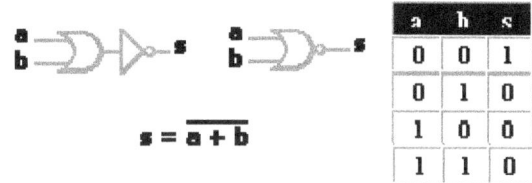

$$s = \overline{a + b}$$

a	h	s
0	0	1
0	1	0
1	0	0
1	1	0

La compuerta NOR-EX

Es simplemente la inversión de la compuerta OR-EX, los resultados se pueden apreciar en la tabla de verdad, que bien podrías compararla con la anterior y notar la diferencia, el símbolo que la representa lo tienes en el siguiente gráfico.

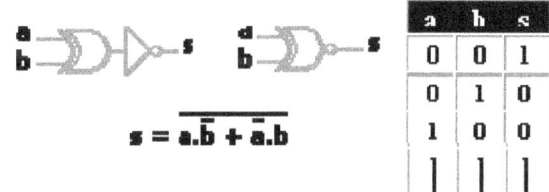

$$s = \overline{a.\overline{b} + \overline{a}.b}$$

a	h	s
0	0	1
0	1	0
1	0	0
1	1	1

Para terminar con esta breve descripción de las compuertas lógicas, es conveniente hacer referencia al buffer, porque se trata de un auxiliar importante para el manejo práctico de las compuertas porque permite amplificar un poco la señal con que se trabaja. En este sentido, como puede verse en la siguiente imagen, la señal de salida es la misma que la de entrada.

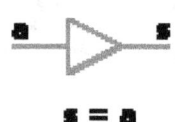

a	s
0	0
1	1

$s = a$

> • Pide al PSP que revise el trabajo y retroalimente tu interpretación.

PARA CONTEXTUALIZAR CON:

Competencia científico-teórica

Manejar las operaciones lógicas que se utilizan en el campo de la electrónica

- Lee y analiza con detenimiento cada una de las compuertas lógicas que se presentan en el manual

- Identifica el término que corresponde a cada una de ellas en la lógica proposicional en español (conjunción, disyunción, disyunción copulativa, negación, etcétera).

- Desarrolla dos casos en los que apliques todas las operaciones, explicándolas tanto en términos de lógica proposicional como de la de las compuertas lógicas.

Los registros de datos y desplazamientos

Éstos son dispositivos electrónicos digitales que sirven para el almacenamiento o para la manipulación de información binaria y, dependiendo de su función pueden clasificarse como sigue:

Registros de almacenamiento simple. Como su nombre lo indica, están diseñados básicamente para almacenar información.

Registros de conversión serie-paralelo. Son registros que permiten convertir información que ingresó en serie, a un formato en paralelo.

Registros conversión paralelo-serie. Este tipo de registros permiten modificar el formato en paralelo de la información recibida, a un formato en serie.

Registros de desplazamiento. Son registros que permiten el desplazamiento de la información que almacenan, y pueden cumplir dos funciones principales: hacer rotaciones y efectuar desplazamientos de la información propiamente dichos.

¿En qué consisten las rotaciones?

Son desplazamientos a la izquierda o a la derecha que se realizan en bucle cerrado y que pueden utilizarse para analizar el estado de un bit de información cuyo acceso sólo sea posible en determinada posición. Los registros que realizan esta operación se denominan "registros en anillo"; una aplicación particular de este tipo de anillos es el de contadores de anillo, en los que se aprovecha el desplazamiento para llevar a cabo una cuenta.

Ejemplos de distintos tipos de rotación:

Rotación a la **izquierda (ROL)** aplicada a un acumulador del microprocesador 6800 que tiene registros de 8 bits, y los prueba *("testea")* a través de un biestable C.

Como se muestra en la figura que aparece enseguida, después de 8 desplazamientos todos los bits que conforman el contenido de AccA

pueden ser probados cuando pasan por C (acarreo).

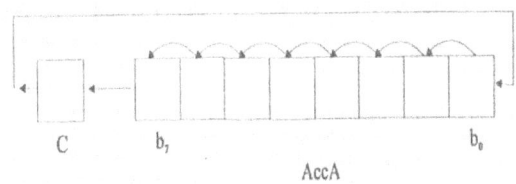

Rotación a la derecha (ROR). En este caso ocurre algo similar a lo descrito en el ejemplo anterior, pero sentido contrario, es decir, hacia la derecha

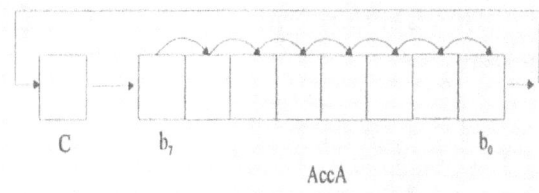

¿En qué consisten los desplazamientos?

También son movimientos de información hacia la derecha o hacia la izquierda, los cuales pueden ser de dos tipos: lógicos y aritméticos, dependiendo de si están implicados elementos ajenos al propio registro o si no lo están.

Desplazamiento aritmético a la izquierda (ASL). Como se ilustra en la siguiente figura, en un caso de este tipo, cada desplazamiento hacia la izquierda tiene un valor. En el ejemplo, un desplazamiento a la izquierda equivale a una multiplicación por 2 en el sistema binario.

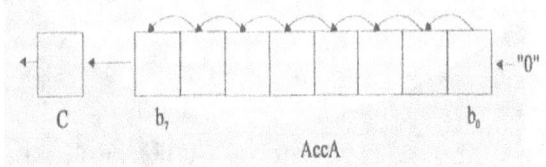

El **Desplazamiento** aritmético a la **derecha (ASR)** se ilustra en la siguiente figura y opera básicamente igual que el anterior, salvo porque se realiza hacia la derecha.

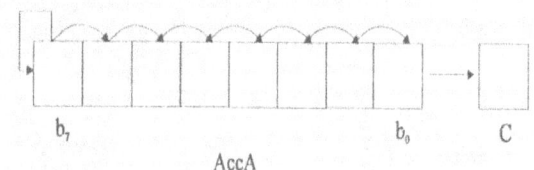

Los desplazamientos lógicos también pueden realizarse hacia la izquierda o hacia la derecha y cada uno de sus movimientos equivale a una división por 2 en binario. Como se puede observar en el siguiente esquema, en el caso de los desplazamientos lógicos entra "O" exterior al registro.

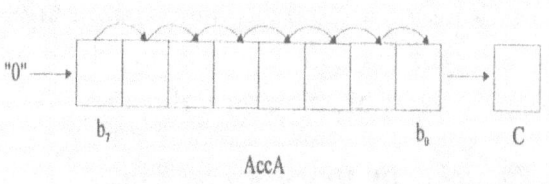

¿Cómo se lleva a cabo el registro de un desplazamiento?

La forma más elemental de realizar un registro de desplazamiento, es la que se muestra en la siguiente figura:

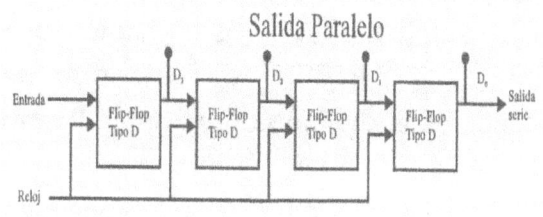

Como puede observarse, este circuito consta de 4 *flip-flops* tipo D colocados en serie, de forma tal que la salida de uno es la entrada D del siguiente *bit;* como la entrada del reloj es común a todos, se trata de un circuito sincrónico en el que los datos van entrando y se van desplazando hacia la derecha conforme llegan los pulsos de reloj.

En este circuito hay dos tipos de salidas: la salida en paralelo y la salida en serie. La **salida en serie** muestra los mismos datos que hay a la entrada pero con un retardo que es igual al periodo del reloj multiplicado por el número de *flip-flops* que componen el registro; los datos se retardan un periodo en cada *flip-flop*.

La **salida en paralelo** muestra los cuatro últimos datos introducidos, pero cada uno de ellos con un retardo que está en función de su distancia con respecto a la entrada.

¿Cómo se lleva a cabo el registro de datos?

Los registros pueden diferenciarse por el tipo de datos a que corresponden, así:

- **Los registros de datos** se usan para guardar números enteros

- **Los registros de memoria** sirven exclusivamente para guardar direcciones de memoria.

- **Los registros de propósito general** (GPRs o General Purpose Registers) pueden guardar tanto datos como direcciones. La mayor parte de las computadoras modernas usa GPRs y

son fundamentales para la arquitectura Von Neumann.

- **Los registros de propósito específico** guardan información específica del estado del sistema, como el puntero de pila, o el registro de estado.

- **Los registros de coma flotante** permiten guardar datos en formato "coma flotante"

- **Los registros constantes** tienen valores creados por hardware de "sólo lectura", como en el caso de MIPS, donde el registro $zero siempre vale 0.

PARA CONTEXTUALIZAR CON:

Trabajo en equipo

Competencia tecnológica

Identificar las características de los componentes electrónicos

- Investiguen en qué tipo de equipos se utilizan los dispositivos para el registro de almacenamiento simple, para registro de conversión serie-paralelo, los registros paralelo-serie y los registros de desplazamiento.

- De acuerdo con la descripción sobre la forma de funcionamiento y utilidad de cada uno de estos dispositivos, propongan qué tipo de fallas pudieran presentarse y qué instrumentos o datos servirían para hacer el diagnóstico de éstas.

- Consulten con algunos especialistas, ya sea dentro de la escuela o en algún taller o empresa, si sus propuestas son válidas.

Los dispositivos de funciones digitales y aritméticas

Muchos equipos electrónicos incorporan uno o varios dispositivos que les permite procesar información de forma lógica. Por ejemplo, las computadoras, las calculadoras, las máquinas-herramienta de control numérico, algunos equipos médicos, los lectores de barras que se utilizan en las tiendas comerciales o en el control de calidad, las consolas de video juegos, los teléfonos celulares, etcétera.

Aunque la complejidad de estos dispositivos puede variar considerablemente y, por lo tanto, también el diagnóstico y reparación pueden requerir el manejo de conocimientos y equipos más complejos, es importante que cualquier técnico que realice el diagnóstico de fallas de equipos electrónicos conozca en términos generales cómo funcionan estos dispositivos.

Para entender dicho funcionamiento es importante recordar que en todos los equipos digitales la información se almacena y procesa mediante códigos binarios que pueden representarse en distintos formatos.

A lo largo de las siguientes hojas se hará la descripción general de los siguientes dispositivos de funciones digitales y aritméticas:

- Los conversores de códigos
- Los dispositivos sumadores
- Los dispositivos para la resta binaria
- Los Codificadores
- Los decodificadores
- El multiplexor

– El demultiplexor
– Los convertidores A/D y D/A
– Los filtros

Los circuitos conversores de código

Se trata de circuitos que permiten transformar un código binario en otro; para transformar el código binario A al código binario B, las líneas de entrada deben dar una combinación de bits de los elementos, tal como se especifica por el código A, y las líneas de salida deben generar la correspondiente combinación de bits del código B.

Para ilustrar este procedimiento, en el anexo que aparece al final de este manual puede consultarse el desarrollo completo de un ejemplo.

La identificación y corrección de los errores

La transmisión de datos binarios de una localización a otra es una actividad común en todos los sistemas digitales; dicha transmisión puede implicar distintos tipos de emisor, proceso y receptor, por ejemplo:

a) Salida de datos binarios desde una computadora que al mismo tiempo se estén registrándose en cinta magnética.

b) Transmisión de datos binarios por línea telefónica, tal como entre una computadora y una consola remota.

c) Tomar un número de la memoria de la computadora y añadirlo a otro número en la unidad aritmética para regresar la suma nuevamente a la computadora.

d) Leer la información almacenada en un disco flexible para cargarlo en la memoria de una computadora persona.

Desde luego, la transferencia de datos está sujeta a errores y, aún cuando los equipos más modernos han sido diseñados para disminuirlos, sigue siendo necesario detectarlos para evitar que la información pierda precisión, o simplemente no sirva para nada.

El Método de Paridad

Uno de los esquemas que se usa más ampliamente para detectar errores en este campo es el del *bit* de paridad.

Un *bit* de paridad es un *bit* extra que se agrega a un grupo codificado que se transmite de una localización a otra. El *bit* de paridad puede ser 0 ó 1, dependiendo del número de unos que están contenidos en el grupo codificado. Existen dos métodos para utilizar el *bit* de paridad en la detección de errores de transmisión de información binaria

En el método de paridad par el valor del *bit* de paridad se escoge de tal manera que el número total de unos en el grupo codificado (incluyendo el bit de paridad) sea un número par. Supóngase por ejemplo, que el grupo codificado es 10110. El grupo codificado tiene tres unos. Por tanto, se añade un bit de paridad de 1 para hacer el número total de unos un valor par. El nuevo grupo codificado, incluyendo el bit de paridad es:

10110	1	
	∧	
Bit de paridad añadido		

Si el grupo codificado contiene un número par de unos inicialmente, el bit de paridad recibe el valor de 0. Por

ejemplo, si el código es 10100, el bit de paridad asignado sería 0, así que el nuevo código, incluyendo el bit de paridad sería 101000.

El método de paridad impar se usa exactamente de la misma manera, excepto que el *bit* de paridad se escoge de tal modo que el número total de unos (incluyendo el bit de paridad) sea un número impar. Por ejemplo, para el grupo codificado 01100, el bit de paridad asignado sería un 1. Para el grupo 11010, el *BIT* de paridad sería un 0.

Sin importar si se usa paridad par o impar, el *bit* de paridad se añade a la palabra codificada y es transmitido como parte de la palabra codificada. La figura adjunta muestra cómo se usa el método de paridad.

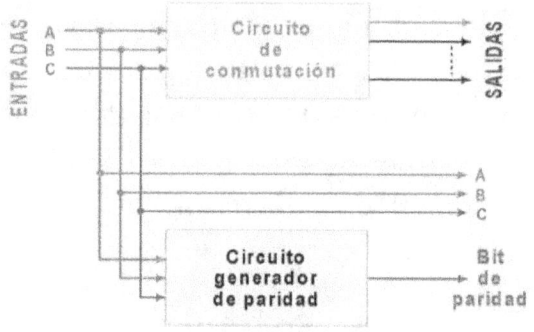

Como puede observarse, los *bits* del

grupo codificado están representados por A, B y C. Estos *bits* pudieran venir de las salidas de un conversor de código y ser alimentados a un circuito generador de paridad, que no es sino un circuito lógico que examina los *bits* de entrada y produce un *bit* de paridad de salida del valor correcto. El *bit* de paridad se transmite junto con los bits de entrada.

En un sistema de paridad par, el comprobador de paridad generará una salida baja de error si el número de entradas1 es un número par y una salida de error alta (indicando un error) si el número de entradas 1 es impar. En un sistema de paridad impar sería al contrario. Si ocurre un error en uno de los *bits* transmitidos, el circuito comprobador de paridad lo detecta.

La paridad como método para la detección de errores en la transmisión de información resulta limitado por dos razones principales: porque no es sensible a errores dobles –ya que una doble equivocación deja intacto el criterio paridad, tanto par como impar– y porque no permite identificar cuál fue el error.

El método Hamming

Uno de los métodos más empleados para detectar y corregir errores más complejos es el código desarrollado por Hamming. Este método se basa en las siguientes definiciones básicas:

En un código, la distancia se define como el número de cambios (0 o 1) que existen entre dos caracteres consecutivos.

La distancia mínima (M), se define como el número mínimo de *bits* en que pueden diferir dos caracteres consecutivos cualesquiera de un código.

La expresión que relaciona la distancia mínima, la detección y la corrección de errores es:

$M - 1 = D + C$ para toda $C <= D$ donde:

> M = distancia mínima
> D = *bits* erróneos que se detectan
> C = *bits* erróneos que se corrigen

En la siguiente tabla se muestra la relación entre la distancia mínima (D), los bits erróneos que se detectan (D) y los bits erróneos que se corrigen para distintos valores

Código de Hamming para distintos valores de M,C y D		
M Distancia Máxima	D Errores detectados	C Errores corregidos
0 1 2	0 0 1	0 0 0
3	2 1	0 1
4	3 2	0 1
5	4 3 2	0 1 2

Ahora bien, si se considera que

k = Número de *bits* de verificación de paridad

y   M = k

Entonces, la relación entre los *bits* de paridad y los *bits* del código original, se expresa de la siguiente manera:

$$2^k - 1 = k + n$$

Donde,

n= No. de bits del código original

k + n = No. de bits del nuevo código

PARA CONTEXTUALIZAR CON:

Redacción de trabajo

- Lee cuidadosamente la información presentada sobre los conversores de código y los métodos de corrección de errores para que expliques con tus propias palabras en qué consiste cada uno de ellos.

- Identifica qué tipo de fallas pudieran presentarse en los conversores de código y qué herramientas podrías usar para hacer el diagnóstico de fallas.

- Explica cómo podrías utilizar la información sobre el método de corrección de errores que usa cada equipo, para apoyar el

diagnóstico de fallas correspondiente.

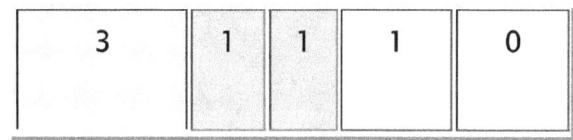

3	1	1	1	0

Los dispositivos sumadores

Estos dispositivos pueden ser de varios tipos. El circuito semi-sumador y el circuito sumador completo son los dos principales, pero hay otros dos que los complementan: el circuito generador de acarreo y el sumador decimal codificado en binario o código BCD.

Enseguida se describen los propósitos y características generales de cada uno de ellos.

El circuito semi-sumador o circuito HA

Cuando se requiere hacer la suma entre dos *bits*, sin tomar en cuenta la posible suma de un *bit* de acarreo previo, el circuito que realiza tal operación se llama Circuito semi-sumador o HA, por sus siglas en inglés.

DEC	A	B	C_0	S
0	0	0	0	0
1	0	1	0	1
2	1	0	0	1

La tabla funcional que le corresponde permite obtener las siguientes funciones de combinación:

$$S(A, B) = 3_m (1,2) = A'B + AB' = A \oplus B$$

$$C_0(A, B) = 3_m (3) = AB$$

La siguiente figura presenta el logigrama correspondiente:

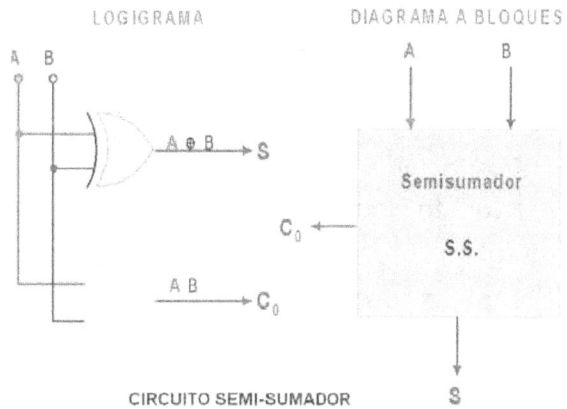

CIRCUITO SEMI-SUMADOR

El circuito sumador completo o circuito FA

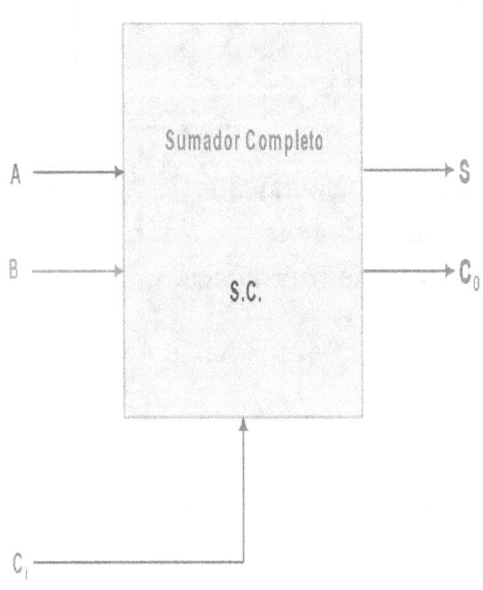

$S(A, B, C_i) = \Sigma_m (1,2,4,7)$

$C_0(A, B, C_i) = \Sigma_m (3,5,6,7)$

DEC	A	B	C_i	C_0	S
0	0	0	0	0	0
1	0	0	1	0	1
2	0	1	0	0	1
3	0	1	1	1	0
4	1	0	0	0	1
5	1	0	1	1	0
6	1	1	0	1	0
7	1	1	1	1	1

Cuando se suman números de varios dígitos es necesario incorporar una entrada adicional para el *acarreo* producido por la suma anterior e integrar un Circuito Sumador Completo como el que se muestra en la figura.

Este tipo de circuito también es conocido como circuito FA por sus siglas en inglés.

La tabla funcional del circuito sumador competo de dos *bits* se integra tal y como aparece en la siguiente tabla.

A partir de ella se pueden obtener las siguientes funciones de conmutación:

Para hacer una suma binaria en paralelo, es necesario conectar en cascada tantos sumadores completos de dos bits como se requieran para obtener un sumador de varios bits, o usar un sumador completo del número de bits que se quiera. En el anexo que aparece al final del manual puede consultarse un ejemplo de la forma en que operan estos dispositivos.

El Circuito Generador de Acarreo

Como se mencionó un poco antes, cuando se lleva a cabo la suma de dos números en paralelo utilizando *sumadores completos*, aunque se supone que todos los bits están disponibles al mismo tiempo para poder realizar la operación, esto no ocurre en forma instantánea.

Como puede observarse en la figura del circuito sumador completo, esto se debe a que para obtener el acarreo de salida se tiene más de un nivel de conmutación y el tiempo de propagación total será igual al retardo de propagación de una compuerta típica multiplicado por el número de niveles de conmutación en el circuito.

Este mecanismo evidencia que el tiempo de propagación del acarreo es un factor que limita la rapidez con que se suman dos números en paralelo y, dado que las operaciones aritméticas se efectúan por medio de sumas sucesivas, resulta clara la importancia de que se dé el tiempo necesario para la propagación del *acarreo*.

El sumador decimal codificado en binario o código BCD

Posiblemente éste sea el código que más se emplea en las computadoras digitales para representar números decimales. La única desventaja que tiene es que por cada dígito decimal se requieren 4 dígitos binarios *(bits)*, esto significa que de las 16 combinaciones que se generan sólo 10 son válidas (para asignar del 0 al 9) y quedan 6 opcionales.

¿Qué pasa si la suma es mayor a 9?

Evidentemente, siempre que la suma de los dos *bits* sea mayor a 9, será indispensable hacer la corrección.

Para determinar dónde llevarla a cabo se requiere hacer una inspección, que en caso condujo a que se corrigiera en el decimal más significativo.

Al analizar los resultados también se puede deducir que si se utilizan sumadores completos de 4 *bits*, el único resultado válido que se puede obtener es el 1001 (9_{10}), pero si se usa un circuito corrector y el *bit* de acarreo se pueden tener 5 *bits*, con lo cual se puede obtener como salida válida el 0001 1001 (19_{10}), que es el valor máximo que se puede generar, porque los valores de los sumandos de entrada son 9+9+1=19, siendo el 1 en la **suma**, el acarreo de salida.

La solución a un caso que presenta sumas cuyo valor en BCD es mayor a 9, puede expresarse con el siguiente diagrama de bloques:

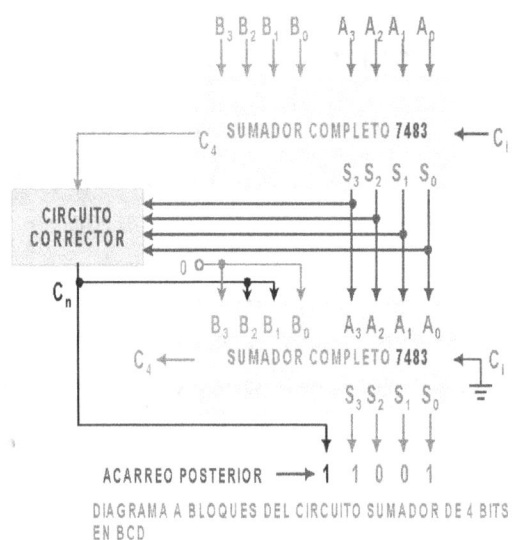

DIAGRAMA A BLOQUES DEL CIRCUITO SUMADOR DE 4 BITS EN BCD

Los dispositivos para la resta binaria

La resta o sustracción binaria es otra de las operaciones aritméticas comúnmente realizadas en las computadoras digitales; hay dos tipos de circuitos: el semi-restador y el restador completo.

El dispositivo de resta binaria sigue las reglas que aparecen en las siguientes tablas; como puede observarse, su operación se basa en una compuerta lógica tipo OR Exclusiva.

TABLA FUNCIONAL PARA EL CIRCUITO SEMI-RESTADOR			
MINUENDO A	SUSTRAENDO B	RESTA R	PRÉSTAMO P_0
0	0	0	0
0	1	1	1
1	0	1	0
1	1	0	0

La tabla funcional para el restador completo (RC) incluye una tercera entrada al préstamo de entrada anterior:

TABLA FUNCIONAL PARA EL CIRCUITO RESTADOR COMPLETO					
DEC	MINUENDO A	SUSTRAENDO B	PRÉSTAMO DE ENTRADA P_i	RESTA R	PRÉSTAMO DE SALIDA P_0
0	0	0	0	0	0
1	0	0	1	1	1
2	0	1	0	1	1
3	0	1	1	0	1
4	1	0	0	1	0
5	1	0	1	0	0
6	1	1	0	0	0
7	1	1	1	1	1

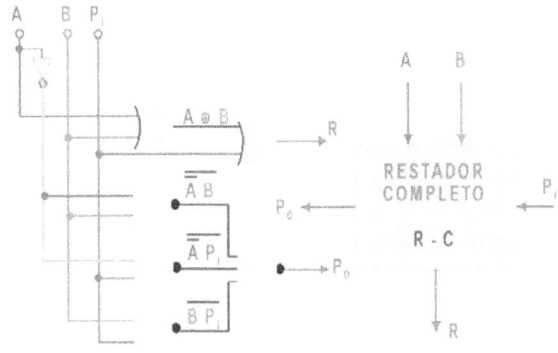

LOGIGRAMA DEL RESTADOR COMPLETO
Y SU DIAGRAMA A BLOQUES

DIAGRAMA GENERAL DE UN *DECODIFICADOR*

Los decodificadores

Un decodificador es un circuito lógico combinacional, que convierte un código de entrada binario de N bits en M líneas de salida, tales que cada línea de salida será *activada* para una sola de las *combinaciones* posibles de entrada. N puede ser cualquier entero y M es un entero menor o igual a 2^N

La figura muestra el diagrama general de un decodificador de N entradas y M salidas; puesto que cada una de las entradas puede ser 1 ó 0, hay 2^N combinaciones o códigos de entrada. Para cada una de estas combinaciones de entrada sólo estará activada una de las salidas. Cuando la slida activada tiene valor *1*, se dice que sigue una lógica positiva; por el contrario, cuando la salida activada se registra como *0*, entonces se le denomina lógica negativa.

Cuando un decodificador sigue una lógica negativa, esto se indica en el mediante la presencia de de pequeños círculos en las líneas de salida del diagrama del decodificador.

Cabe señalar que algunos decodificadores no usan todos los 2^N códigos posibles de entrada, sino sólo

113

algunos de ellos y por eso están diseñados de tal manera que si cualquiera de los códigos no usados se aplica a la entrada, ninguna de las salidas se activará.

Los codificadores

Como se vio anteriormente, un decodificador acepta un código de entrada de N bits y produce un 1 ó 0 en una y sólo una línea de salida; en otras palabras, un decodificador identifica, reconoce o detecta un código particular. El proceso opuesto se conoce como codificación y es ejecutado por un circuito lógico llamado codificador.

Un codificador tiene un número de líneas de entrada, de las cuales *sólo una es activada en un tiempo dado* y produce un código de salida de N bits, dependiendo de la entrada que se activa.

En la figura se muestra esquemáticamente cómo funciona un codificador de M entradas y N salidas. Todas las entradas y salidas están tienen valor 1 cuando están activadas.

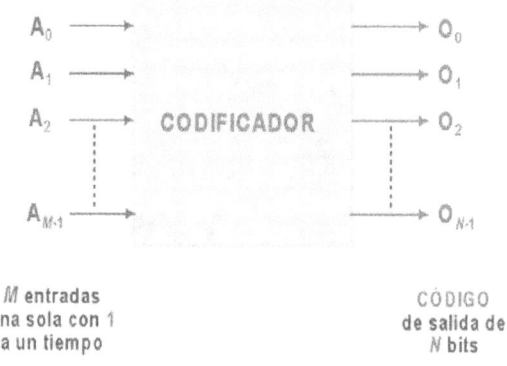

DIAGRAMA GENERAL DE UN *CODIFICADOR*

El multiplexor

Un multiplexor o selector de datos es un circuito lógico que acepta varias entradas de datos y permite que sólo una de ellas pase a tiempo a la salida.

El *enrutamiento* de la entrada de datos hacia la salida está controlado por las entradas de selección o dirección.

En la siguiente figura se presenta el diagrama general de un multiplexor; las entradas y las salidas están dibujadas como flechas gruesas para indicar que pueden ser una o más líneas.

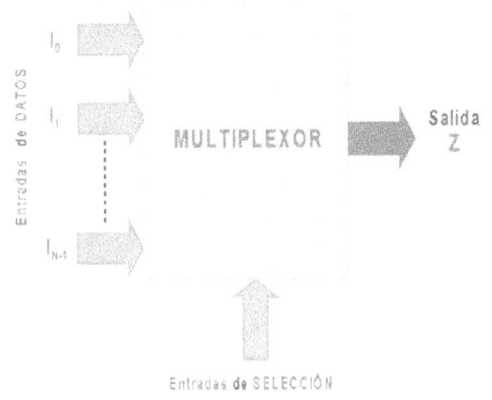

Diagrama general de un *MULTIPLEXOR* digital

El demultiplexor

Un multiplexor funciona tomando varias entradas y transmitiendo sólo una de ellas a la salida. El demultiplexor toma una sola entrada y la distribuye sobre varias salidas.

El multiplexor actúa como un *conmutador multiposicional* controlado digitalmente, en el cual el código digital que se aplica a las entradas de selección controla qué entradas de datos serán conmutadas hacia la salida.

Por ejemplo, la salida Z será igual a la entrada de datos I_0 para algún código de entrada particular de selección; Z será igual I_1 para otro código particular de selección de entrada, y así sucesivamente.

En resumen, lo que hace un multiplexor es seleccionar una fuente de datos y transmitir los datos seleccionados a un solo canal de salida; esto se conoce también como multiplexión o multiplexaje.

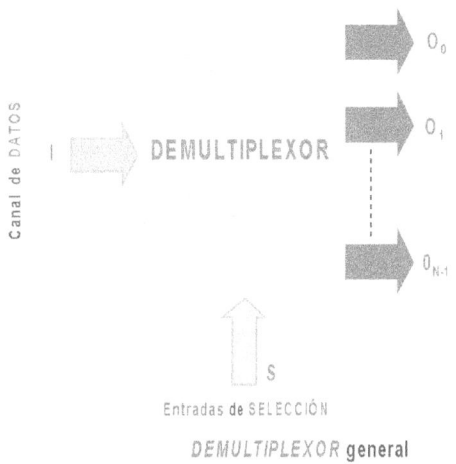

DEMULTIPLEXOR general

En la figura puede verse el diagrama general de un multiplexor; igual que en el diagrama anterior, las flechas gruesas pueden representar una o más líneas de entrada o salida.

El código de entrada selección determina hacia qué salidas será transimitida la entrada de datos.

En resumen, un demultiplexor soma una fuente de datos de entrada y la distribuye en forma selectiva a varios canales de salida.

Convertidores D/A y A/D

Cuando se habla de un convertidor, en cualquiera de sus modalidades, se hace referencia a un dispositivo que permite transformar o convertir algo en otra cosa.

Particularmente, los convertidores D/a y A/D son dispositivos que permiten convertir señales eléctricas analógicas en señales eléctricas digitales, y viceversa.

La posibilidad de hacer esas conversiones tiene un enorme potencial porque de esa manera pueden aprovecharse distintos medios para ir haciendo enlaces de mayor alcance entre unos y otros.

Convertidor analógico-digital

Los convertidores A/D son dispositivos electrónicos que establecen una relación biunívoca entre el valor de la señal en su entrada y la *palabra digital* que se obtiene en su salida; en la mayoría de los casos esta relación se

establecer con la ayuda de una tensión de referencia.

De acuerdo con la función que cumple el convertidor dentro del dispositivo en el que se encuentre, se les clasifica como conversores de transformación directa, de transformación intermedia o de transformación auxiliar

Un elemento central de los convertidores A/D es el circuito de captura y mantenimiento que sirve para hacer el muestreo de la señal analógica durante un intervalo de tiempo y para mantener dicho valor durante el tiempo que dura la transformación A/D propiamente dicha; por lo general ese valor se mantiene en un condensador.

En la siguiente figura se muestra el esquema básico de un circuito de captura y mantenimiento de un convertidor A/D.

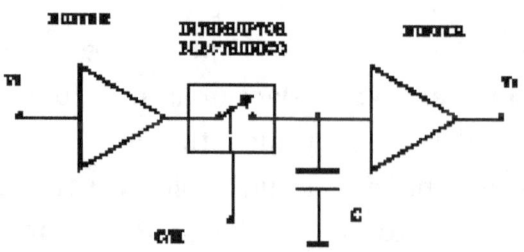

Como se observa en la figura, el convertidor A/D manda un impulso de anchura w por la línea C/M, que activa el interruptor electrónico, cargándose el condensador C, durante el tiempo t.

En el caso ideal, la tensión en el condensador sigue la tensión de entrada y posteriormente el condensador mantiene la tensión adquirida cuando se abre el interruptor.

Para complementar este esquema, en la siguiente figura se muestran las formas de las señales de entrada, salida y gobierno del interruptor.

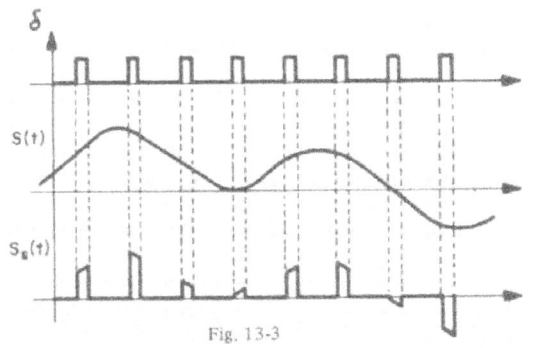

Fig. 13-3

El convertidor digital-analógico

La conversión D/A es un proceso que consiste en tomar un valor representado en el código digital, ya sea como código BCD o como binario directo, y convertirlo en un voltaje o corriente que sea proporcional al valor digital.

En la siguiente tabla se muestra el diagrama a bloques de un convertidor D/A común de cuatro bits. Este tipo de tablas permiten identificar fallas en el convertidor cuando los valores de salida no corresponden con el valor esperado. Las entradas digitales D, C, B, A se derivan generalmente del registro de salida de un sistema digital

D	C	B	A	Vsal
0	0	0	0	0
0	0	0	1	1
0	0	1	0	2
0	0	1	1	3
0	1	0	0	4
0	1	0	1	5
0	1	1	0	6
0	1	1	1	7
1	0	0	0	8
1	0	0	1	9
1	0	1	0	10
1	0	1	1	11

117

1	1	0	0	12
1	1	0	1	13
1	1	1	0	14
1	1	1	1	15

La salida analógica

Desde un punto de vista técnico, la salida de un DAC no es una cantidad analógica ya que sólo puede tomar valores específicos, como los 16 posibles niveles de voltaje para V SAL a que se refiere la última columna de la taba anterior. Sin embargo, es posible puede reducir la diferencia entre dos valores consecutivos al aumentar el número de diferentes salidas mediante el incremento del número de bits de entrada para producir de esta manera de una salida cada vez más similar a una cantidad analógica que varía de manera continua sobre un rango de valores. En otras palabras, la salida del DAC es una cantidad seudoanalógica.

Los filtros digitales

Un filtro es un sistema que lleva a cabo un proceso de discriminación de una señal de entrada para obtener variaciones en su salida. Los filtros digitales tienen como entrada una señal analógica o digital y a su salida tienen otra señal analógica o digital, que puede haber cambiado en amplitud, frecuencia o fase dependiendo de las características del filtro.

La filtración digital forma parte del procesamiento que se aplica a las señales. Se le da la denominación de digital más por su funcionamiento interno que por su dependencia del tipo de señal a filtrar; de hecho se considera filtro digital tanto al que procesa señales digitales como al que lo hace con señales analógicas.

El filtrado digital consiste en el desarrollo interno de un procesado de datos de entrada. El valor de la muestra de la entrada actual y de algunas muestras anteriores previamente almacenadas, son multiplicados por unos coeficientes definidos. También se podrían tomar valores de la salida en instantes pasados y multiplicarlos por otros coeficientes. Finalmente todos los resultados de todas estas multiplicaciones son sumados, dando una salida para el instante actual.

Esto implica que internamente tanto la salida como la entrada del filtro serán digitales, por lo que puede ser necesario llevar a cabo una conversión analógica-digital o digital-analógica para poder usar estos filtros digitales en señales analógicas.

Los filtros digitales se usan frecuentemente para tratamiento digital de la imagen o para tratamiento del sonido digital.

Tipos de filtros

Hay varios tipos de filtros y distintas clasificaciones. La primera de ellas tiene que ver con la parte del espectro que permiten pasar y la que atenúan, y los divide en filtros de pasa alto, filtros de pasa bajo y filtros de pasa banda.

Los filtros pasa alto son aquéllos en cuya respuesta en frecuencia se atenúan las componentes de baja frecuencia pero no las de alta frecuencia, éstas incluso pueden amplificarse en los filtros activos. La alta o baja frecuencia es un término relativo que dependerá del diseño y de la aplicación particular.

Se denomina filtro pasa bajo o filtro promediador al que funciona promediando las muestras de la entrada y que, por lo tanto, suprime variaciones rápidas; de ahí que se considere como filtro pasa bajos

Los filtros pasa banda permiten pasar un determinado rango de frecuencias de una señal y atenúan el paso del resto. Estos filtros pueden ser de muchos tipos; los siguientes son algunos ejemplos:

- o Banda eliminada
- o Multibanda
- o Pasa todo
- o Resonador
- o Oscilador
- o Filtro peine *(comb filter)*
- o Filtro ranura *(notch filter)*

Otros criterios de clasificación de los filtros incluyen los siguientes: el orden que ocupan (de primer orden, de segundo orden, etcétera); el tipo de respuesta que dan ante una entrada unitaria (*Finite Impulse Response, FIR; Infinite Impulse Response, IIR; Truncated Infinite Impulse Response, TIIR*); la estructura con que se implementan(Laticce; Varios en cascada; Varios en paralelo)

PARA CONTEXTUALIZAR CON:

Trabajo en equipo

Competencia tecnológica

Identificar los tipos y características de los componentes y equipos electrónicos

- Organízate con tu equipo para realizar un trabajo de investigación y análisis acerca de los componentes electrónicos que se revisaron en la sección anterior.

- El objetivo de esta actividad es que identifiquen en qué equipos se incorporan los dispositivos y para que se utilizan en cada caso, de tal manera que sea más fácil ubicarlos como partes de los equipos a diagnosticar

- Para llevarlo a cabo, primero relean la información presentada en el manual y si lo consideran necesario, compleméntenla con datos adicionales, de tal manera que sea muy claro cuál es el papel que tienen los circuitos conversores de código, los dispositivos sumadores, los dispositivos para la resta binaria, los codificadores y los decodificadores, el multiplexor, el demultiplexor, los convertidores D/A y A/D, así como los filtros digitales.

- Después, identifiquen al menos 3 aplicaciones para cada uno de ellos, así como los equipos en los que se pueden llevar a cabo.

Analicen todos juntos los resultados de la investigación y planteen qué tan posible es que como técnicos tengan que hacer el diagnóstico de fallas de esos equipos y justifiquen sus respuestas.

RESULTADO DE APRENDIZAJE

1.3 Identificar las causas que provocan fallas en los componentes de los equipos electrónicos, empleando la metodología recomendada.

1.3.1 FUNCIONAMIENTO TÍPICO DE LAS FALLAS

- Concepto de falla

Antes de plantear cómo identificar por qué se produce una falla, es conveniente definir qué es ésta. Una falla puede entenderse como la incapacidad de un elemento o componente de un equipo para satisfacer plenamente el comportamiento funcional deseado en el contexto operacional real.

Desde esta perspectiva, vale la pena subrayar que equipos idénticos pueden tener funciones, contextos operacionales y comportamientos funcionales variables y, por lo tanto, tendrán fallos funcionales diferentes.

Hasta hace algunas décadas, la simplicidad del comportamiento funcional permitía reconocer el fallo de un equipo bajo una óptica de todo o nada; en cambio ahora que los equipos son más complejos la respuesta no puede ser tan tajante, hoy es necesario precisar qué grado de deterioro se admite en la función antes de considerar que ha fallado.

En este sentido, se considera que una función está fallando cuando su comportamiento funcional es insatisfactorio; la gravedad de dicho comportamiento dependerá de sus consecuencias y éstas, a su vez, dependerán del contexto operacional y del comportamiento funcional.

Con base en estas ideas, se considera más útil hablar de fallo funcional, y entenderlo como la incapacidad de un equipo o instalación para satisfacer el comportamiento funcional deseado, en su contexto operacional real.

- Gráficas de fallos

El fallo funcional de un componente, equipo o sistema puede deberse a distintos factores sobre muchos de los cuales es posible hacer el seguimiento y también implementar medidas preventivas para reducir dichos el riesgo de fallo.

Seguir y registrar el comportamiento de los equipos es un mecanismo que ayuda a estimar qué tan probable es que un equipo presente una falla funcional en un momento dado. Dicho registro deriva en la elaboración de las gráficas de fallo de los equipos; para elaborarlas es necesario calcular cuál es la probabilidad de los fallos.

Probabilidad de los fallos

Es muy importante identificar los modos o causas de fallo que tienen más posibilidad de provocar la pérdida total o parcial de una función. Esos evitan confundir las causas y efectos de los fallos, y también adoptar medidas preventivas para evitar el riesgo de que se presenten las fallas.

Desde luego, la edad o envejecimiento de los equipos es una de las causas de fallo que se ha considerado más importante; sin embargo, la creciente complejidad de las instalaciones industriales exige interpretar el comportamiento de otros factores.

Esa interpretación se basa en el análisis de distintas curvas de probabilidad de fallo. A continuación se describen las principales curvas de probabilidad de fallo y se ilustran gráficamente en la figura de le derecha.

Tipos de curvas de probabilidad de fallos

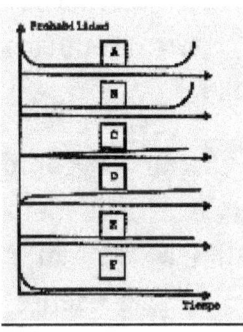

Tipo A: Comienza con una tasa de fallo alta en el inicio, muchas veces vinculada a deficiencias de fabricación, y luego puede ser constante o ascendente. Termina, finalmente, con un crecimiento rápido de la tasa de fallo que habitualmente se vincula con una causa de fallo dominante: desgaste, corrosión, fatiga.

Tipo B: Un periodo de probabilidad constante o ligeramente ascendente que termina con un crecimiento rápido, similar a la etapa final del tipo A.

Tipo C: Ligeramente ascendente pero sin edad definida identificable.

Tipo D: Baja probabilidad de fallo cuando el equipo es nuevo. Luego aumenta de manera constante y rápida.

Tipo E: Fallo constante en todas las edades y ocurrencia aleatoria.

Tipo F: Comienza con una probabilidad de fallo alta, que desciende a una probabilidad muy baja o constante.

PARA CONTEXTTUALIZAR CON:

Realización del ejercicio

Competencia tecnológica

Determinar fallas de acuerdo con los parámetros de funcionamiento de los equipos electrónicos

- Relee y analiza los 6 tipos de

---

curvas de fallo.

- Plantea una hipótesis sobre el tipo de causas que pudieran explicar cada una de las curvas.

- Compártelas con tus compañeros y analicen los argumentos en que basan sus explicaciones.

- Revisen estas hipótesis conforme vayan avanzando en el módulo y hagan los ajustes necesarios a la luz de los nuevos conocimientos que adquieran a lo largo de él.

- **Tipos de fallos externos y forma de identificarlos**

Consumo de energía

Cuando se hace el diagnóstico de un equipo, uno de los parámetros principales para hacerlo es su consumo de energía; las desviaciones que se identifiquen al respecto pueden ser la causa del fallo y también un efecto del mismo.

Para poder localizar un fallo relacionado con el consumo de energía, es muy importante tener a la mano los valores establecidos en el manual del fabricante para cada elemento eléctrico o electrónico de interés, y considerar que las variaciones en el consumo de energía del equipo completo están relacionadas con el tipo de componente que esté fallando y de la clase de fallo que presente. Evidentemente, los distintos tipos de fallos provocan variaciones en el consumo de energía del componente y del equipo completo, las cuales pueden llevar tanto a un consumo considerablemente más alto del que tendrían normalmente, como ala ausencia de consumo; este último caso indicaría que el fallo tiene tal impacto que el equipo está "operacionalmente muerto".

Operación

Un fallo operacional es aquél que afecta el desempeño total del equipo, es decir, que tiene consecuencias sobre el proceso en el cual participan el equipo. Desde luego, un fallo de este tipo puede tener altos costos económicos, logísticos y técnicos.

El primer indicio de un fallo puede ser un mal funcionamiento del equipo. Sin

123

embargo, el que un equipo no funcione bien no necesariamente significa alguno de sus elementos esté fallando; algunas veces, el mal funcionamiento se debe al manejo inadecuado que hace el operario y, desde luego, su corrección tiene que ver directamente con el entrenamiento para usar correctamente el equipo.

Si se descarta que la falla del equipo se debe a una mala operación del equipo, entonces deben revisarse otros factores externos: defectos en la alimentación de la energía, conexiones externas inapropiadas o aditamentos cuyo funcionamiento pueda perturbar su operación.

Finalmente, si las causas del fallo no se localizaron en ninguno de los factores anteriores, entonces es casi seguro que se deba a un problema interno y, por lo tanto, deberá procederse a la revisión técnica del mismo.

1.3.2 POSIBLES CAUSAS INTERNAS DE FALLO

Para determinar la(s) causa(s) por la(s) que un equipo está fallando, deben revisarse una serie de aspectos técnicos relacionados con los parámetros de funcionamiento normal del equipo o componente. Desde esta óptica, las causas de fallo pueden ser de tipo eléctrico, físico, químico, mecánico y de factor humano. Enseguida se describen cada una de ellas.

Las causas de tipo eléctrico

Sobrecarga de corriente

Cuando la corriente que circula por una instalación eléctrica se encuentra por encima de los valores de régimen permanente, se dice que hay una sobrecarga de corriente. Sin embargo, para que una sobrecarga sea indicador de falla es necesario que supere el tiempo límite admitido. Dicho tiempo límite establece la duración admisible de esta sobrecarga; el tiempo límite pude variar desde algunos segundos o minutos, hasta algunas horas. Superado este tiempo la situación es de falla.

Por supuesto, los componentes sometidos a la sobrecarga de corriente pueden quedar dañados e inutilizados por completo. La sobrecarga puede ser incluso causa de riesgo, dado que puede elevar la temperatura de algunos componentes hasta el punto de ignición, con el peligro latente de provocar un incendio.

Sobrevoltaje

Cuando hay una pobre regulación de voltaje, éste se eleva por encima de su valor nominal e incrementa el riesgo de que el equipo presente un funcionamiento anormal o nulo. No obstante, los riesgos de falla debidos al sobrevoltaje pueden disminuirse considerablemente si el equipo cuenta con un dispositivo protector contra sobrevoltaje.

Sobrecarga de potencia

Cuando un equipo trabaja durante breves instantes a una potencia superior a la nominal se dice que está trabajando en sobrecarga de potencia. Es posible comprobar esto mediante una prueba de los componentes del equipo con un vatímetro. Dado que la sobrecarga de potencia puede ser causa de falla, un procedimiento de medición correcto puede despejar nuestras dudas y proveernos de un diagnóstico para localizar el desperfecto en el equipo defectuoso.

Las causas físicas y químicas

Temperatura

Siempre que los dispositivos electrónicos se someten a temperaturas extremas se presentan dificultades en su funcionamiento.

El calor aumenta la resistencia de los circuitos, lo cual a la vez, incrementa la corriente; asimismo, provoca que los materiales se dilaten, se resequen, se agrieten, se les formen ampollas y se desgastan más rápidamente y, tarde o temprano ocasionan que el dispositivo se descomponga.

El frío tiende a disminuir la duración eficaz de los dispositivos de almacenamiento de energía, como las baterías. Además, un descenso en la temperatura en un sitio con mucha humedad del aire puede provocar condensación de gotas de agua en los componentes electrónicos y el correspondiente mal funcionamiento.

Humedad

La humedad también es causa de que los circuitos jalen más corriente y finalmente se descompongan. La humedad del agua o de otros líquidos, dilata los cuerpos, los deforma por combeo, los desgasta más rápidamente y hace que la corriente circule de manera anormal.

Contaminación

La mugre y otros contaminantes, como los gases, los vapores, el humo, los abrasivos, el hollín, la grasa y los aceites, forman sustancias pegajosas y obstruyen los dispositivos eléctricos y electrónicos provocando su funcionamiento anormal, hasta que finalmente se descomponen.

Las causas mecánicas

Los movimientos anormales o excesivos originan descomposturas. Las vibraciones y el abuso, o malos manejos en particular, constituyen la causa principal de este tipo de desperfectos.

Causas relacionadas con el factor humano

Defecto de fabricación

Una causa común de las fallas en los componentes y equipos electrónicos de los que forman parte, es la deficiencia en la calidad de fabricación de los componentes en sí.

Es difícil detectarlas, no sólo porque al comprar los equipos o componentes no puede hacerse una revisión completa, sino porque hasta las pruebas de control de calidad del fabricante tampoco permitieron identificarlas.

Lo más común es que este tipo de fallas se deban más a un error en la pieza particular que a problemas de diseño.

En todo caso, para diagnosticar los defectos de fabricación como causa de un fallo se debe tomar nota del mismo y someter el equipo a prueba de verificación para localizar cuál es el componente que está provocando el desperfecto.

Instalación defectuosa

Por lo general una instalación defectuosa se debe al trabajo de un técnico no calificado o de una persona descuidada, o que hizo el trabajo de prisa. El descuido al no apretar un tornillo o no soldar una conexión apropiadamente puede conducir a que el dispositivo eléctrico o electrónico se descomponga muy pronto.

Mal uso y descuido

La inadecuada operación de los equipos electrónicos debido a la ignorancia, negligencia o incapacidad, puede motivar fallas en el comportamiento normal de los equipos. Este tipo de problemas se conocer como "Fallo por error del operario"

Desgraciadamente, este tipo de errores humanos puede provocar daños mayores en los equipos e incluso provocar accidentes que pongan en riesgo la integridad física de quienes los operan.

1.3.3 TIPOS DE FALLAS

En la sección anterior se hizo una somera descripción de las causas de fallo de acuerdo con la variable a que corresponden. A continuación se ofrece información complementaria que permite identificar para cada una de esas causas, qué tipo de fallas pueden presentarse.

Fallas eléctricas

Corto circuito

El cortocircuito se produce, fundamentalmente, cuando la corriente circula por un camino directo a través de su fuente de origen; esto provoca que la resistencia y el voltaje disminuyan y aumente la corriente.

Hallar fusibles fundidos, identificar un aumento de calor, un voltaje bajo, un amperaje alto, o la presencia de humo, son indicadores de corto circuito.

No encendido

Cuando el equipo enciende, lo primero que debe hacerse es comprobar que el cable de alimentación se encuentra conectado a una toma de corriente, y que el mismo no presente signos de deterioro.

Después de haber comprobado que aquí no hay problema, y en caso de que el equipo cuente con él, se debe revisar que el fusible esté en buenas condiciones

Si el equipo sigue sin encender, puede revisarse el mecanismo de encendido para asegurar que el botón, la palanca o el switch no presenten desperfectos, y que los elementos electrónicos no están en circuito abierto o cortocircuito.

Cuando falla el encendido del equipo, no deben descartarse problemas en la fuente de alimentación, ya que puede estar dañada o tener algún desperfecto que impida alimentar la energía al equipo.

En caso de que haya algún problema en la fuente, será necesario extraerla y probarla.

Retardo al encender

En este caso, la falla es asociable a algún elemento electrónico. Para hacer el diagnóstico deben aplicarse las pruebas necesarias para identificar cuál es el circuito que está causando el problema.

Una vez hecho esto, se puede llevar a cabo alguna prueba de puenteo, una sustitución o una prueba de calor para localizar exactamente cuál es el componente que falló.

Enciende y después se apaga

Este problema puede ser consecuencia de un defecto en el mecanismo de encendido, en la fuente de alimentación, o en algún componente interno que esté presentando un cortocircuito, generando así una sobrecarga que lleva a falla en los componentes principales del equipo.

La localización precisa del elemento que está presentando el error, apoyado en los diagramas del equipo, nos permitirá determinar qué acciones llevaremos a cabo para reparar y poner a punto a nuestro equipo.

Interrupción intermitente

Cuando un equipo electrónico funciona de manera intermitente, es necesario analizar la variación de sus parámetros eléctricos, para así localizar de manera más precisa el elemento funcional donde la avería está presente.

El elemento que presenta la falla tendrá comportamientos eléctricos distintos a los normales; dado que en el manual del fabricante se establecen los valores de funcionamiento correcto para el componente, es posible compararlos con los que presenta cada parte del equipo y, por tanto, hacer la sustitución del componente.

En éste como en otros casos en los que se detecten fallas en los componentes del equipo, es conveniente consultar los manuales de sustitución de componentes.

Desviaciones en los parámetros eléctricos

Bajo y alto voltaje

Cuando un equipo electrónico presenta bajo voltaje este dato implica que hay un cortocircuito, ya que al disminuir la resistencia del circuito aumenta la corriente y disminuye el voltaje.

En caso de que se registre alto voltaje, puede presumirse que la alimentación del equipo presenta sobrevoltaje y que los elementos de protección contra sobrevoltaje no están funcionando o han sido rebasados.

Bajo y alto amperaje

Un bajo amperaje se deriva de una fuga de corriente.

Analizando el circuito principal, puede hallarse algún desperfecto –cables con aislamiento deficiente, o partes instaladas incorrectamente– que revele el lugar en el que se localiza la fuga.

Un alto amperaje es característico de los cortocircuitos. Dado que la corriente circula por un camino directo a través de su fuente de origen, disminuye la resistencia del circuito y el voltaje, aumentando la corriente que circula por el circuito.

Resistencia infinita

Esta es una falla característica de un circuito abierto.

Si al medir con el ohmímetro, encontramos en el resistor que estamos comprobando una lectura de resistencia infinita, quiere decir que el conducto del mismo, por donde debiera circular la corriente ha sido interrumpido.

Voltaje y amperaje en cero

Cuando el equipo presenta falla por circuito abierto, o falla total, la medición del voltaje y el amperaje reportará valores de cero.

Evidentemente, obtener estos datos constituye una pista valiosa para determinar cuál es el elemento funcional en que se presenta la falla.

Fugas de corriente

El equipo puede presentar fugas de corriente debido a defectos de aislamiento o cuando la colocación de un cable o una parte componente causa que la corriente tome un camino anormal en el circuito.

Fallas mecánicas

Las fallas mecánicas en un componente se originan en el exceso de fricción, el desgaste debido al uso, la exposición a vibraciones constantes o en el uso excesivo.

Algunas fallas mecánicas comunes son las bandas rotas, los baleros desgastados, los pernos o tornillos flojos, los contactos desgastados, el chasis dañado y los controles rotos, así como componentes mecánicos obstruidos.

Los ruidos anormales durante el funcionamiento del equipo son indicadores de fallas mecánicas.

PARA CONTEXTUALIZAR CON:

Trabajo en equipo

Competencia tecnológica

Determinar fallas de acuerdo con los parámetros de funcionamiento de los componentes y equipos electrónicos

- Relee junto con tus compañeros de equipo toda la información que presenta el manual respecto al sobre el tipo de fallas, a sus posibles causas y a los indicadores que permiten identificarlas.

- Conforme vayas haciendo la lectura, analízala para que vayas construyendo un cuadro en el que presentes para cada tipo de falla, cuáles pueden ser las causas que las originas, cuáles son los indicadores en que se basa su diagnóstico y también qué tipo de instrumentos de medición ayudan a realizar el diagnóstico en cada caso.

- Busquen a algún especialista en mantenimiento que revise el cuadro que elaboraron, y para que le planteen preguntas sobre el tipo de fallas que en su experiencia se presentan con mayor frecuencia, así como respecto a cuáles son las que tienen consecuencias más importantes. Solicítenle también que con base en su experiencia les haga algunas recomendaciones para hacer el diagnóstico de fallas de equipos eléctricos y electrónicos de manera más eficiente.

- Ajusten el cuadro que había elaborado, si es necesario, y preséntenlo a sus compañeros del grupo junto con las recomendaciones que les haya hecho el especialista.

- Integren a su esquema la información que consideren valiosa de lo que presentaron los otros equipos del grupo.

RESULTADO DE APRENDIZAJE

1.4 Identificar la forma de operación de los equipos electrónicos mediante la interpretación de diagramas.

Como se ha venido mostrando a lo largo de este manual, los diagramas constituyen una herramienta fundamental para entender y manejar los componentes y equipos electrónicos. La posibilidad de representar cómo están formados, cómo funcionan, cómo deben instalarse o qué cuidados deben tenerse para su mantenimiento, no sólo es una manera de comunicar información técnica, sino también de manejar estándares comunes.

Para hacer uso de los diagramas es indispensable entenderlos, y para lograrlo debe hacerse una interpretación adecuada tanto del tipo de diagrama, como de los símbolos que utiliza para representar la información.

Con el propósito de ofrecer elementos para la interpretación de los diagramas, en esta sección se describen los principales tipos de diagramas y de simbología utilizada en el campo de los equipos eléctricos y electrónicos.

- **Tipos de diagramas electrónicos**

¿Por qué para interpretar un diagrama lo primero que hay que hacer es identificar de qué tipo de diagrama se trata?

La respuesta es muy sencilla: porque si un diagrama es una representación, lo primero que habrá que tener claro es qué representa el diagrama. La lectura o interpretación del diagrama depende tanto de su propósito general, como de los símbolos que utiliza.

Aunque los diagramas pueden ser de muchos tipos, hay cuatro que resultan de interés cuando se trabaja con equipos y componentes y electrónicos: los esquemáticos, los de conexiones, los de bloques y los de estado. Enseguida se describen las principales características de cada uno de ellos.

Los diagramas esquemáticos

Sirven para mostrar gráficamente el diseño electrónico del equipo; en ellos se puede identificar cada uno de sus componentes con base en el símbolo que le caracteriza y también se incluyen sus valores eléctricos de operación.

Estos diagramas siempre son provistos por el fabricante del equipo, y son muy útiles para que el técnico encargado del diagnóstico de fallas localice todos los circuitos y partes del equipo, así como para aplicar las pruebas de verificación correspondientes.

Los diagramas de Conexiones

Como su nombre lo indica, este tipo de diagramas permiten presentar las relaciones de uno o varios elementos dentro del sistema eléctrico o electrónico. En él pueden apreciarse las distintas vías de comunicación por las que el equipo recibe y envía información, de tal manera que un diagrama de este tipo muestra el flujo de la información y cómo se modifican los datos a lo largo del mismo.

Los diagramas de bloques:

Este tipo de diagramas permiten describir los elementos de un sistema y destacar cuáles son sus partes y funciones principales. Debido a que estos diagramas son muy simples y versátiles es común que se utilicen para representar todo tipo de sistemas. Un diagrama de bloques puede servir simplemente para describir la composición e interconexión de un sistema, o puede usarse para representar las relaciones de causa y efecto en todo el sistema, junto con las funciones de transferencia.

Los diagramas de estados

Este tipo de diagramas pueden representar todos los mensajes que un objeto puede enviar o recibir. Para interpretarlo correctamente, la simbología debe leerse de la siguiente manera:

- En un diagrama de estados, un escenario se representa como un camino dentro del diagrama.

- Dado que generalmente el intervalo entre dos envíos de mensajes representa un estado, se pueden utilizar los diagramas de secuencia para buscar los diferentes estados de un objeto.

- En este tipo de diagramas existen por lo menos dos estados especiales: el inicial (s*tart*) y el final *(stop)*. Cada diagrama debe tener uno y sólo un estado inicial, pero puede tener varios estados finales.

- En un diagrama de estados, una transición puede tener asociada una acción y/o una guarda, además, una transición puede disparar un evento. La acción será el comportamiento que se obtiene cuando ocurre la transición, y el evento será el mensaje que se envía a otro objeto del sistema. Por último, la guarda es una expresión boolena sobre los valores de los atributos que hace que la transición sólo se produzca si la condición evalúa *a true*. Tanto las acciones como las guardas son comportamientos del objeto y generalmente se traducen en operaciones de alguna clase.

- Una transición entre estados representa un cambio de un estado origen a un estado sucesor destino que podría ser el mismo que el estado origen; dicho cambio de estado puede ir acompañado de alguna acción. Las acciones se asocian a las transiciones y se considera que ocurren de forma rápida e ininterrumpida.

- Por el contrario, las actividades se asocian a los estados y pueden consumir más tiempo, además de que pueden verse interrumpidas por la ocurrencia de algún evento.

- En un diagrama de estados, las transiciones pueden ser llevarse a cabo de manera automática o no-automática. Una transición automáticas se produce cuando concluye la actividad del estado origen, es decir, que no hay un evento asociado a la transición. En cambio la transición no es automática cuando para producirse debe ocurrir un evento que puede pertenecer a otro objeto o incluso estar fuera del sistema.

- Los diagramas de estados muestran el comportamiento de los objetos, es decir, el conjunto de estados por los cuales pasa un objeto durante un periodo de tiempo, junto con los cambios que le permiten pasar de un estado a otro.

- Interpretación de diagramas electrónicos

Para llevar a cabo el diagnóstico de fallas, es indispensable apoyarse en un cuidadoso análisis de todos los diagramas del equipo que estén disponibles que permita disponer de una imagen clara sobre las partes que lo componen, sus relaciones y otros datos técnicos relevantes.

Es conveniente comenzar con la revisión del diagrama de bloques del equipo y seguir con el diagrama esquemático, de tal manera que antes de llevar a cabo la inspección física del equipo se disponga de una visión general de la configuración del equipo.

- La simbología eléctrica y electrónica

Como se dijo párrafos atrás, la interpretación de un diagrama requiere manejar adecuadamente el significado de los símbolos eléctricos o electrónicos que utiliza.

Desde luego, conforme se hace uso de ellos es muy probable que se memoricen; no obstante, es conveniente tener a la mano los códigos establecidos para consultarlos en caso necesario.

La lectura de los manuales del fabricante o de cualquier otro diagrama relacionado con los componentes o equipos eléctricos y electrónicos es una actividad a la que se enfrenta cualquier profesional técnico que trabaje en el diagnóstico de fallas; por esa razón, es muy importante que esté familiarizado con la simbología eléctrica y electrónica.

1.4.1 SIMBOLOGÍA Y DIAGRAMAS ELECTRÓNICOS

- Simbología eléctrica

Tipos y características

Todos los elementos eléctricos que intervienen en el diseño o el funcionamiento de un equipo pueden ser representados gráficamente mediante el uso de símbolos, así como sus principales características.

Si la alimentación se hace con corriente alterna o corriente directa, el tipo de líneas de transmisión, la presencia de transformadores y equipo eléctrico de fuerza son sólo algunos de los ejemplos de equipos y elementos eléctricos que pueden ser representados mediante símbolos cuyo significado y forma de representación son de uso universal.

- Simbología electrónica

Tipos y características

Esta simbología se utiliza para representar los distintos elementos electrónicos, a los diodos, a los transistores, a las resistencias, a los condensadores o capacitares, a los inductores o bobinas, a los multiplexores, a los conversores, a los filtros, a las compuertas, a los distintos tipos de circuitos integrados, etcétera.

Como en el caso de los símbolos eléctricos, en el anexo que aparece al final del manual se incluye la simbología correspondiente a los principales elementos electrónicos.

En la última sección de este manual pueden encontrarse una serie de símbolos eléctricos y electrónicos aplicables a la lectura y elaboración de diagramas relacionados con los componentes, equipos y sistemas electrónicos.

No sobra reiterar la importancia de que el profesional técnico maneje con precisión dicha simbología.

PARA CONTEXTUALIZAR CON:

Estudio individual

Competencia lógica

Desarrollar la capacidad de identificación

Aunque puede decirse que los símbolos que se establecieron para

representar los elementos y características eléctricas y electrónicas son relativamente arbitrarios, también es cierto que tienen cierta lógica.

Seguramente estás de acuerdo en que es mucho más fácil aprender algo cuando se entiende cuál es su lógica; esta actividad de estudio se encamina precisamente a que comprendas y aprendas más fácilmente los símbolos que se utilizan en el campo de la electrónica.

- Fotocopia las hojas en las que aparece la simbología electrónica. Aparecen en el anexo que está incluido en la última parte de este manual.

- Agrúpalas por sus semejanzas y conforme a algún criterio que determines tú mismo y que te parezca relevante. Justifica para ti mismo por qué lo hiciste de esa manera.

- Escribe qué significa o cómo entiendes cada uno de los componentes o aspectos a que corresponde la simbología (por ejemplo, las resistencias, los transformadores, los diodos) y analiza los símbolos que se usan en cada caso.

- Seguramente encontrarás e inmediato algunas regularidades que facilitarán tu comprensión y el aprendizaje de los símbolos.

Realización del ejercicio

 *Competencia tecnológica*

Aplicar la simbología eléctrica y electrónica normalizada

- Localiza ya sea en textos, en manuales del fabricante de algunos equipos o e componentes electrónicos o e Internet cuatro diagramas: uno esquemático, uno de bloques, uno de conexiones y uno de estados. Cópialos para que los

incluyas en la presentación de tu ejercicio

- Apoya tu interpretación de cada uno de ellos en la simbología que aparece en el anexo y en la descripción sobre los propósitos y características de cada tipo de diagrama que se presenta en esta sección del manual.

- Elabora una descripción en prosa de lo que representa el diagrama, en la que incorpores el significado de los símbolos que se usan en él.

- Reúnete con otros compañeros para que intercambien sus ejercicios y para que evalúen mutuamente si la interpretación es correcta. Si hubiera algunas dudas consulten con algún especialista o con el PSP.

PRÁCTICAS Y LISTAS DE COTEJO

Unidad de aprendizaje:	1

Práctica número:	1

Nombre de la práctica:	Identificación de elementos y dispositivos electrónicos.

Propósito de la práctica:	Al finalizar la práctica el alumno será capaz de clasificar distintos componentes electrónicos con base en sus características y función.

Escenario:	Laboratorio de electrónica.

Duración:	3 h

Materiales	Maquinaria y equipo	Herramienta

- Resistencias:
  - De carbón
  - De capa de carbón
  - Metálicas
  - De capa metálica
  - Metálica bobinada
- Capacitares:
  - Cerámicos
  - Electrolíticos
  - Poliéster
  - Tántalo
- Inductores de diversos tipos
- Diversos tipos de diodos
- Manuales de los elementos seleccionados

Códigos de identificación de componentes

- Multímetro
- Cables del multímetro

Procedimiento

Verificar:

- Medidas generales de seguridad.

- Medidas personales de seguridad.

- Disponibilidad de materiales apropiados.

- Disponibilidad de herramientas y equipo apropiados.

- Limpieza del área de trabajo.

- Seguir las indicaciones de forma precisa.

Procedimiento:

1.- Anotar los diversos códigos pertenecientes a los tipos de componentes presentados.

2.- Anotar el valor nominal de las resistencias, de acuerdo con los códigos de colores de las mismas y los valores que éstos representan, en la siguiente tabla:

3.- Ajustar el multímetro en la escala de medición de resistencia (ohm).

4.- Colocar los cables de prueba en sus respectivos conectores (rojo: positivo; negro: negativo).

Procedimiento

5.- Realizar la medición del valor de la resistencia, anotando los datos en la columna 'Valor medido'.

6.- Calcular la tolerancia de la siguiente forma: Valor nominal–Valor medido; y anótalo en la columna correspondiente.

7.- Clasificar los tipos de capacitores de acuerdo con sus códigos, y anota sus valores en la siguiente tabla:

Tipo de capacitor	Valor nominal

8.- Dibujar los distintos tipos de resistencias, capacitores e inductores y anota sus características principales (forma, función, tipo de magnitud eléctrica que les corresponde) en la siguiente tabla:

Procedimiento

Tipo de componente	Valor (con unidades)	Función	Magnitud eléctrica

9.- Elaborar el reporte de la práctica.

10.- Finalizada la práctica, guardar el material, apagar y almacenar el equipo y limpiar el área de trabajo.

Lista de cotejo de la práctica número 1:	Identificación de elementos y dispositivos electrónicos.

Nombre del alumno:	

Instrucciones:	Los criterios listados a continuación representan los elementos a considerar para una correcta evaluación del alumno en el desempeño de esta práctica. De la siguiente lista marque con una ✓ aquellas observaciones que hayan sido cumplidas por el alumno durante su desempeño.

Desarrollo	Sí	No	No Aplica
1. Aplicó las medidas generales de seguridad.			
2. Utilizó ropa y elementos de seguridad personal apropiada.			
3. Verificó la disponibilidad de los materiales y el equipo adecuado.			
4. Siguió las indicaciones de la práctica.			
5. Atendió las explicaciones del PSP.			
6. Realizó el cálculo de los valores nominales de las resistencias.			
7. Llevó a cabo la correcta medición de los valores con el multímetro.			
8. Calculó la tolerancia de las resistencias.			
9. Identificó los valores de los capacitores de acuerdo a sus códigos.			
10. Esquematizó los componentes electrónicos en la tabla correspondiente.			
11. Elaboró reporte de la práctica, describiendo los detalles.			

Observaciones:	

PSP: _____

Hora de inicio:		Hora de término:		Evaluación:	

Unidad de aprendizaje:	1

Práctica número:	2

Nombre de la práctica:	Identificación de equipo de seguridad.

Propósito de la práctica:	Al finalizar la práctica el alumno identificará qué equipos de seguridad deben usarse de acuerdo con el tipo de trabajo eléctrico que se realice

Escenario:	Laboratorio de electrónica.

Duración:	4 h

Materiales	Maquinaria y equipo	Herramienta
• Fusibles. • Cables para corriente eléctrica de diversos tipos. • Manuales de seguridad de fabricantes de equipo eléctrico.	• Ropa, cascos protectores y zapatos, aislantes. • Guantes de varios tipos para trabajos eléctricos. • Gafas protectoras para ojos. • Protectores para el oído. • Equipo antiestático. • Pértigas y banquetas aislantes. • Verificador de ausencia de tensión. • Equipos de puesta a tierra y puesta en cortocircuito. • Equipo eléctrico de media tensión.	• Mesa de trabajo • Pinzas de sujeción. • Pinzas. • Desarmadores. • Bridas para equipo eléctrico.

Procedimiento

Verificar:

* Medidas generales de seguridad.

* Medidas personales de seguridad.

* Disponibilidad de materiales apropiados.

* Disponibilidad de herramientas y equipo apropiados.

* Limpieza del área de trabajo.

* Seguir las indicaciones de forma precisa.

Procedimiento.

1.- Colocar en la mesa de trabajo el equipo personal de seguridad.

2.- Identificar cada uno de los equipos y prendas de seguridad para trabajos eléctricos.

3.- Dibujar cada uno de los equipos y prendas de seguridad en la siguiente tabla, anotando también su función.

Equipo de Seguridad								
Función								

4.- Verificar, con ayuda del PSP las formas en el equipo personal de seguridad debe ser utilizado.

5.- Revisar y anotar algunas de las medidas de seguridadque los fabricantes especifican en los manuales de diversos equipos electrónicos.

6.- Identificar el tipo de fusibles y de cables que es necesario implementar en una instalación o en un equipo electrónico, de acuerdo con sus características de operación y sus parámetros de seguridad, y anotar sus condiciones de uso.

Procedimiento

7.- Verificar con ayuda del PSP la manera en que debe ser utilizado el equipo de protección (pértigas, verificadores, banquetas, equipos de puesta a tierra) cuando se realizan maniobras con el equipo de media tensión ,y anotar las observaciones y recomendaciones correspondientes.

8.- Explicar por qué son necesarias las medidas de seguridad al trabajar con equipos eléctricos.

9.- Exponer tres casos en los que al trabajar con elementos eléctricos es necesario vestir ropa de seguridad.

9.- ¿Qué sucede si no se usa la pulsera antiestática al manipular circuitos CMOS?

10.- Describir tres riesgos que hay si no se usa el equipo de seguridad adecuado al trabajar con equipos eléctricos.

11.- Elaborar reporte de la práctica.
12.- Entregar el material y equipo utilizado.
13.- Limpiar el área de trabajo.

Lista de cotejo de la práctica número 2:	Identificación de equipo de seguridad.

Nombre del alumno:	

Instrucciones:	A continuación se presentan los criterios que van a ser verificados en el desempeño del alumno mediante la observación del mismo. De la siguiente lista marque con una ✓ aquellas observaciones que hayan sido cumplidas por el alumno durante su desempeño.

Desarrollo	Sí	No	No Aplica
1. Aplicó las medidas de seguridad e higiene.			
2. Acató el reglamento del laboratorio o taller			
3. Identificó el equipo de seguridad personal y lo dibujó, especificando su función.			
4. Utilizó el equipo de seguridad personal de acuerdo a las indicaciones del PSP.			
5. Verificó las especificaciones de seguridad de los fabricantes de equipo eléctrico.			
6. Identificó correctamente los tipos de fusibles y cables eléctricos, anotando sus características y condiciones de uso.			
7. Verificó el uso de los equipo de protección eléctrica.			
8. Dibujó los equipos de protección eléctrica, anotando su función correspondiente.			
9. Expuso la importancia de seguir las reglas de seguridad al trabajar con equipos eléctricos.			
10. Contestó las preguntas correctamente.			
11. Elaboró el reporte de la práctica.			
12. Entregó el equipo utilizado en la práctica.			
13. Limpió su área de trabajo al terminar la práctica.			

Observaciones:	

PSP: _____

Hora de inicio:		Hora de término:		Evaluación:	

Unidad de aprendizaje:	1

Práctica número:	3

Nombre de la práctica:	Identificación de herramientas e instrumentos de medición.

Propósito de la práctica:	Al finalizar la práctica el alumno será capaz de identificar y usar los diversos tipos de instrumentos de medición y herramientas que sirven para el diagnóstico de fallas en equipos electrónicos.

Escenario:	Laboratorio de electrónica.

Duración:	3 h

Materiales	Maquinaria y equipo	Herramienta
• Hojas blancas. • Lápices de colores. Manuales de los equipos electrónicos seleccionados	• Multímetro digital. • Osciloscopio. • Generador de funciones. • Punta lógica. • Inyector de señal. • Equipo electrónico de prueba	• Mesa de trabajo. • Tipos de Pinzas. • Tipos de Desarmadores. • Tipo de brochas y cepillos. • Tipos de llaves. • Tipos de taladros. • Herramienta especial

Procedimiento

Verificar:

- Medidas generales de seguridad.
- Medidas personales de seguridad.
- Disponibilidad de materiales apropiados.
- Disponibilidad de herramientas y equipo apropiados.
- Limpieza del área de trabajo.
- Seguir las indicaciones de forma precisa.

Procedimiento.

1 Seguir al pie de la letra las indicaciones de seguridad del laboratorio o taller.

2 Utilizar la ropa de trabajo adecuada.

3 Colocar sobre la mesa de trabajo los instrumentos y herramienta que indique le PSP.

4 El PSP explicará el uso de los instrumentos de medición y de las herramientas seleccionadas.

5 Dibujar el equipo y la herramienta, y anotar la función de cada uno de ellos.

6 El PSP explicará qué medidas de seguridad se deben seguir al manipular equipos electrónicos.

7 El PSP explicará la manera de operar del equipo electrónico seleccionado.

8 Conectar a la toma de energía eléctrica el equipo electrónico seleccionado.

9 Medir con el multímetro digital los parámetros eléctricos del equipo electrónico de pruena

10 Registrar con el osciloscopio el tipo de señal que entrega.

11 Desconectar el equipo de la toma de energía eléctrica.

12 Inyectar una señal al equipo electrónico de prueba, y registrar con el osciloscopio qué tipo de señal de salida entrega.

13 Anotar las características del equipo, y el procedimiento para la medición de sus variables eléctricas.

14 Entregar el equipo y las herramientas seleccionadas.

15 Elaborar un reporte de la práctica.

16 Limpiar el área de trabajo.

Lista de cotejo de la práctica número 3:	Identificación de herramientas e instrumentos de medición.

Nombre del alumno:	

Instrucciones:	A continuación se presentan los criterios que van a ser verificados en el desempeño del alumno mediante la observación del mismo. De la siguiente lista marque con una ✓ aquellas observaciones que hayan sido cumplidas por el alumno durante su desempeño.

Desarrollo	Sí	No	No Aplica
✚Aplicó las medidas de seguridad e higiene.			
1 Aplicó las medidas de seguridad e higiene en el desarrollo de la práctica.			
2 Utilizó la ropa y equipo de trabajo adecuados.			
3 Colocó sobre la mesa los equipos y herramienta adecuados.			
4 Dibujó los instrumentos y la herramienta seleccionada.			
5 Anotó las funciones de los instrumentos y la herramienta seleccionada.			
6 Tomó nota de las indicaciones de seguridad dadas por el PSP.			
7 Conectó el equipo a la corriente eléctrica.			
8 Midió los parámetros eléctricos del equipo con el multímetro digital.			
9 Registró el tipo de señal que el equipo proporciona con el osciloscopio.			
10 Desconectó el equipo de la corriente eléctrica.			
11 Aplicó una señal de prueba, y registró el resultado con el osciloscopio.			
12 Anotó las características del equipo, y el procedimiento de medición de sus variables eléctricas.			
13 Entregó el equipo y la herramienta seleccionada.			
14 Elaboró el reporte de la práctica.			
15 Limpió el área de trabajo.			

Observaciones:	

PSP: _____

Hora de inicio:		Hora de término:		Evaluación:	

Unidad de aprendizaje:	1

Práctica número:	4

Nombre de la práctica:	Uso de componentes electrónicos

Propósito de la práctica:	Al finalizar la práctica el alumno entenderá el uso de componentes electrónicos mediante el armado de una sonda lógica de prueba.

Escenario:	Laboratorio de electrónica.

Duración:	4 h

Materiales	Maquinaria y equipo	Herramienta
<ul><li>Resistencia – 470 k□</li><li>Resistencia – 470 □</li><li>Transistor NPN – 2N3904</li><li>Transistor NPN – 2N3904</li><li>Led de 5 mm. color rojo</li><li>Batería de 9 V.</li><li>Cables.</li><li>Estaño</li></ul>	<ul><li>•</li><li>Placas de circuito impreso.</li><li>Puntas de prueba.</li><li>Porta leds.</li><li>Equipo electrónico de prueba.</li><li>Fuente de alimentación.</li></ul>	<ul><li>Mesa de trabajo.</li><li>Soldador o cautín.</li><li>Herramienta especial</li></ul>

Procedimiento

Verificar:

- Medidas generales de seguridad.

- Medidas personales de seguridad.

- Limpieza del área de trabajo.

- Seguir las indicaciones de forma precisa.

Procedimiento:

1. Seguir las reglas de seguridad del lugar de trabajo.

2. Vestir la ropa de trabajo adecuada.

3. Utilizar el equipo de seguridad apropiado.

4. Colocar los componentes y herramientas sobre la mesa de trabajo.

5. Preparar la placa de circuito impreso para la sonda lógica de prueba que se va armar, de acuerdo con el diagrama siguiente.

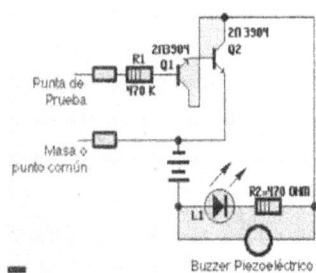

6. Disponer de cada elemento electrónico.

7. Soldar cada elemento electrónico a la placa del circuito electrónico.

8. Verificar que todos los componentes estén correctamente soldados.

9. Energizar el circuito con la batería de 9V.

10. Conectar el equipo de prueba a la fuente de alimentación.

11. Siguiendo las especificaciones del PSP, comprobar la existencia de señal en el circuito principal del equipo mediante la sonda lógica elaborada.

12. Anotar todas las observaciones y resultados obtenidos.

13. Entregar el equipo utilizado, y guardar la sonda lógica de prueba para futuras aplicaciones en el diagnóstico de fallas.

14. Elaborar reporte de la práctica.

15. Limpiar el área de trabajo.

Lista de cotejo de la práctica número 4:	Uso de componentes electrónicos.

Nombre del alumno:	

Instrucciones:	A continuación se presentan los criterios que van a ser verificados en el desempeño del alumno mediante la observación del mismo. De la siguiente lista marque con una ✓ aquellas observaciones que hayan sido cumplidas por el alumno durante su desempeño.

Desarrollo	Sí	No	No Aplica
✚Aplicó las medidas de seguridad e higiene.			
1. Vistió la ropa de trabajo adecuada.			
2. Utilizó el equipo de seguridad.			
3. Siguió las indicaciones del PSP.			
4. Colocó los componentes y las herramientas sobre la mesa de trabajo.			
5. Preparó la placa del circuito electrónico.			
6. Soldó los componentes a la placa del circuito.			
7. Verificó que los componentes estuvieran correctamente soldados.			
8. Energizó el circuito con la batería de 9 V.			
9. Conectó el equipo de prueba a la fuente de alimentación.			
10. Comprobó la presencia de señales en el equipo de prueba.			
11. Anotó los resultados obtenidos.			
12. Entregó el equipo y las herramientas utilizadas.			
13. Elaboró el reporte de la práctica.			
14. Limpió el área de trabajo.			

Observaciones:	

PSP: _____

Hora de inicio:		Hora de término:		Evaluación:	

Unidad de aprendizaje:	1
Práctica número:	5
Nombre de la práctica:	Identificación de fallas en equipos electrónicos.
Propósito de la práctica:	Al finalizar la práctica el alumno será capaz de identificar fallas en componentes de equipos electrónicos, mediante el uso de diversas pruebas de funcionamiento.
Escenario:	Laboratorio de electrónica.

Duración:	3 h

Materiales	Maquinaria y equipo	Herramienta
• Hojas blancas. • Lápices. • Componentes diversos en buen estado (resistencias, capacitores, diodos, etc) a juicio del PSP. • Cables de prueba. • Manuales de fabricantes. • Diagramas de circuitos electrónicos	• Multímetro digital. • Multímetro analógico. • Osciloscopio. • Sonda lógica. • Inyector de señal. • Equipo electrónico con fallas en sus componentes. • Fuente de poder. • Secador de cabello. • Enfriador químico. • Estaño. • Equipo personal de seguridad.	• Soldador o cautín.

Procedimiento

Procedimiento

Verificar:

- Medidas generales de seguridad.
- Medidas personales de seguridad.
- Disponibilidad de materiales apropiados.
- Disponibilidad de herramientas y equipo apropiados.
- Limpieza del área de trabajo.
- Seguir las indicaciones de forma precisa.

Procedimiento

1. Utilizar la ropa de trabajo adecuada.
2. Seguir las indicaciones de seguridad del lugar de trabajo.
3. Interpretar los diagramas de los circuitos electrónicos.
4. Interpretar las especificaciones del fabricante.
5. Medir las características de continuidad, resistencia, voltaje, corriente, frecuencia, ángulo de fase e impulsos, de los circuitos del equipo electrónico.
6. Repetir los pasos anteriores para revisar los demás componentes del circuito.
7. Aplicar los métodos de localización de fallas siguientes:

Por aplicación de frío o calor.
- Conectar el secador de cabello en la modalidad de caliente.
- Aplicar aire caliente a un componente que se sospeche tenga falla.
- Observar si existe cambio en las medidas de los valores eléctricos del componente y en el funcionamiento general del equipo.
- Aplicar frío al componente con el enfriador químico.
- Observar si existen cambios en los valores eléctricos del componente y en el funcionamiento general del equipo.

Por conexión en puente.
- Seleccionar un componente del cual se sospeche que tiene falla.
- Conectar un mediante cables de prueba un componente de características similares y que funcione adecuadamente.
- Observar si existen cambios en el funcionamiento del equipo.

Por sustitución de componentes.
- Seleccionar un componente del cual se sospecha que tiene falla.
- Quitar el componente del circuito electrónico.
- Colocar y soldar en su lugar un componente de características similares y que funcione adecuadamente.
- Observar si existen cambios en el funcionamiento general del equipo.

Procedimiento

Por soldadura nueva y ajuste de componentes.

- Seleccionar un componente del cual se sospeche que tiene falla.

- Desoldar del circuito al que pertenece.

- Limpiar sus terminales y los lugares de conexión en el circuito.

- Soldar el componente.

- Observar si existen cambios en el funcionamiento general del equipo.

8. Anotar todas las observaciones realizadas.

9. Elaborar un reporte de la práctica.

10. Entregar el equipo y herramienta utilizados.

11. Limpiar el área de trabajo.

Lista de cotejo de la práctica número 5:	Identificación de fallas en equipos electrónicos.

Nombre del alumno:	

Instrucciones:	A continuación se presentan los criterios que van a ser verificados en el desempeño del alumno mediante la observación del mismo. De la siguiente lista marque con una ✓ aquellas observaciones que hayan sido cumplidas por el alumno durante su desempeño.

Desarrollo	Sí	No	No Aplica
✚Aplicó las medidas de seguridad e higiene.			
1 Utilizó la ropa de seguridad adecuada.			
2 Siguió las indicaciones de seguridad del lugar de trabajo.			
3 Interpretó los diagramas del equipo electrónico.			
4 Interpretó las especificaciones del fabricante.			
5 Midió los parámetros del equipo electrónico.			
6 Revisó los diversos componentes del circuito.			
7 Aplicó las pruebas de localización de fallas.			
Por aplicación de calor o frío.			
• Seleccionó un componente electrónico bajo sospecha de falla.			
• Aplicó aire caliente al componente seleccionado.			
• Observó los cambios en el funcionamiento del equipo.			
• Aplicó aire frío al componente seleccionado.			
• Observó cambios en el funcionamiento del equipo.			
Por conexión en puente.			
• Seleccionó un componente electrónico bajo sospecha de falla.			
• Conectó un componente en buen estado mediante cables de prueba.			
• Observó cambios en el funcionamiento del equipo.			
Por sustitución de componentes.			

Desarrollo	Sí	No	No Aplica
• Seleccionó un componente electrónico bajo sospecha de falla.			
• Desoldó el componente de la placa de circuitos.			
• Colocó un componente en buen estado en el lugar del componente retirado.			
• Observó cambios en el funcionamiento del equipo electrónico.			
Por soldadura nueva y ajuste.			
• Seleccionó un componente electrónico bajo sospecha de falla.			
• Desoldó el componente de la placa de circuitos.			
• Limpió el componente y el sitio de conexión.			
• Soldó el componente en la placa de circuitos.			
• Observó cambios en el funcionamiento del equipo electrónico.			
Anotó todas las observaciones correspondientes.			
Entregó el equipo y la herramienta utilizada.			
Limpió el área de trabajo.			

Observaciones:

PSP: _____

Hora de inicio:		Hora de término:		Evaluación:	

RESUMEN

Este primer capítulo del Manual está hecho con varios propósitos, uno de ellos es apoyarte para que aprendas a seleccionar el equipo de seguridad que debes usar en distintos tipos de actividades y a que comprendas por qué es tan importante su uso. Por ello, en él no sólo a se presentaron distintos equipos de protección personal y para los propios equipos electrónicos, sino que también se repasaron los principios básicos de la electricidad y los efectos fisiológicos que tiene, sobre todo, se puso énfasis en los daños que puede ocasionar la falta de protección o el manejo incorrecto de los equipos.

Se revisaron conceptos clave para entender el funcionamiento equipos eléctricos y electrónicos, tales como la tensión nominal, la alta tensión y la baja tensión, la corriente alterna, la corriente continua, y la corriente alterna trifásica, y se ejemplificó su uso en distintos tipos de instalaciones.

El capítulo también hizo una presentación bastante amplia sobre los distintos instrumentos de medición y verificación de las variables eléctricas para que los puedas identificar correctamente y sepas cuándo deben usarse. Sobre este tema, se abordaron desde los instrumentos más elementales –como el galvanómetro–, hasta el osciloscopio y el generador de señales, pasando medidores de uso doméstico.

Desde luego, para que supieras cuándo y cómo usar cada uno de los instrumentos era importante que comprendieras qué miden y cómo lo hacen; por eso, a lo largo del capítulo no sólo se incluyó la descripción de variables eléctricas como la corriente o voltaje, la intensidad y la resistencia, sino que se también se analizan los instrumentos que permiten medirlas de manera directa, y cómo lo hace cada uno de ellos. En este tenor, se destacó al multímetro como un instrumento básico para la detección de fallas en equipos electrónicos, ya que permite medir esas tres variables, pero también se subrayó el potencial que tienen instrumentos más complejos que no arrojan un resultado como tal, pero que sí ofrecen más datos mediante la interpretación de las señales que generan.

Otro propósito de este capítulo es ofrecerte información suficiente para que sepas cuáles son las características y tipos de sistemas, equipos y los componentes electrónicos a que puede remitirte el diagnóstico de fallas. Para lograrlo, se hizo una descripción de los sistemas de fuerza, de los de control y de los de protección, así como de los motores y los generadores.

Para abordar los equipos se introdujo una distinción muy importante: si el funcionamiento de sus componentes basa en señales eléctricas continuas, o si lo hacen mediante señales discretas. Es decir, si se trata de equipos y componentes analógicos

o digitales. Las implicaciones de esta distinción fueron tratadas de manera amplia.

Asimismo, se presentaron las características, tipos y forma de operación de componentes analógicos con los que seguramente trabajarás cuando lleves a cabo el diagnóstico de fallas: transformadores, diodos, condensadores y transistores, entre otros. También se describieron las características, tipos y forma de operación componentes digitales como los multivibradores, los filtros y las compuertas lógicas; estas últimas fueron tratadas de manera amplia, con el propósito de que tengas una comprensión suficientemente de su forma de operación cuando trabajes en ellos.

Después de haber visto cómo debes protegerte y proteger a los equipos cuando se trabaja con electricidad, de haber hecho un recorrido por las variables eléctricas y el tipo de instrumentos y equipos mediante las cuales pueden medirse sus valores y, de haber descrito con qué tipo de sistemas, equipos y componentes electrónicos puedes enfrentarte para hacer el diagnóstico de fallas, el objetivo fue conducirte hacia el análisis de tres aspectos fundamentales en tu trabajo: qué tipo de causas pueden ocasionar una falla, qué tipo de fallas puede haber y, cómo identificarlas. Dicha identificación encuentra una apoyo muy importante en el análisis de los diagramas del equipo; por esa razón, en el manual se describen los 4 tipos de diagramas electrónicos y se incluye también la simbología eléctrica y electrónica en que se basa su interpretación

Con esta última parte el capítulo pretende apoyarte para que integres tus conocimientos sobre los temas anteriores y comprendas que para establecer una relación causa-efecto en el diagnóstico de fallas en cualquier equipo electrónico, es muy importante entender cuál sería el funcionamiento normal del equipo y cuál es el síntoma que presenta, para ir de ahí hacia la identificación de la falla y finalmente de la causa.

Pero para entender cuál es el funcionamiento normal de un equipo en particular es indispensable conocer cómo está integrado, cómo se relacionan sus partes, cuáles son los valores y comportamiento que debe mostrar en condiciones normales y, sólo entonces, pueden planearse las pruebas a realizar y los instrumentos que se utilizarán para hacerlas. Con el propósito de aprendas cómo lograrlo, en el capítulo 2 se abordará el uso de las fichas técnicas y los manuales como apoyo para identificar dichas características, la manera de utilizar los instrumentos de medición y los calibradores de procesos y lo relativo a las formas de documentar los resultados obtenidos.

AUTOEVALUACIÓN DE CONOCIMIENTOS DEL CAPÍTULO 1

1. ¿Por qué es importante seguir las reglas de seguridad al momento de trabajar con instalaciones y aparatos eléctricos?

2. ¿De qué manera se produce la electricidad estática?

3. ¿Cuál es la primera recomendación que se debe observar al momento de realizar trabajos con equipo eléctrico?

4. Menciona dos recomendaciones de seguridad para trabajar con equipos eléctricos.

5. ¿Qué es la tensión eléctrica nominal de un equipo?

6. ¿Cuáles son los principales riesgos que se tienen cuando se trabaja con instalaciones o equipos eléctricos?

7. ¿A qué se denomina umbral absoluto de intensidad dentro de los efectos fisiológicos de la corriente eléctrica?

8. ¿A qué se conoce como sistemas eléctricos de alta tensión?

9. ¿En dónde se utilizan los sistemas eléctricos de alta tensión?

10. ¿Qué es la corriente alterna trifásica?

11. ¿Cuáles son los sistemas eléctricos de baja tensión?

12. ¿En dónde se utilizan los sistemas eléctricos de baja tensión?

13. ¿Qué elementos conforman el equipo de seguridad personal en trabajos eléctricos?

14. ¿Para qué sirven las pértigas aislantes?

15. ¿Qué función cumplen los equipos "puesta a tierra" y "en cortocircuito"?

16. ¿Cuándo se considera que una instalación de "puesta a tierra" es correcta?

17. ¿Qué significa medir?

18. Menciona las unidades de medida relacionadas con la electricidad.

19. ¿De qué manera se pueden determinar los valores de variables eléctricas por medición indirecta?

20. ¿En qué se basa el mecanismo de operación de los galvanómetros?

21. ¿Cuál es el instrumento que se utiliza para medir la corriente eléctrica?

22. ¿Qué mide el voltímetro?

23. ¿Cuál es la principal característica de un multímetro?

24. ¿Qué datos, aparte del voltaje, puede mostrar el osciloscopio cuando se conecta a un equipo eléctrico?

25. Menciona cuatro tipos de onda que puede producir un generador de funciones.

26. ¿Cuáles son los principales equipos de protección?

27. ¿Cuáles son los dos tipos de motores que existen?

28. ¿Qué es un transformador?

29. ¿Qué es un diodo?

30. Menciona tres tipos de componentes electrónicos digitales.

31. ¿Qué es una falla?

32. Menciona algunas causas eléctricas de fallas en los equipos.

33. ¿Cuáles son las fallas eléctricas más comunes?

34. ¿Para qué sirven los diagramas esquemáticos?

RESPUESTAS A LA AUTOEVALUACIÓN DEL CAPÍTULO 1

1. En el caso particular de la energía eléctrica, y a pesar de que ésta es la forma de energía más utilizada en el mundo, es indudable que de no tomar las precauciones debidas pueden producirse siniestros de enorme magnitud, tanto en las instalaciones como en las personas.

2. La electricidad estática se produce cuando dos cuerpos se rozan o se frotan pues uno de ellos queda con una carga eléctrica positiva y el otro con una carga eléctrica negativa. Dichas cargas permanecen en las superficies externas de los cuerpos a menos que se pongan nuevamente en contacto, o se les acerque a cuerpos de menor carga o sin ella, porque entonces la carga eléctrica pasará de un cuerpo al otro con el fin de ser neutralizada o variar su cantidad.

3. Toda instalación, conductor o cable eléctrico debe considerarse conectado y en tensión. Antes de trabajar sobre los mismos deberá comprobarse la ausencia de corriente con el equipo adecuado.

4. No se deberán alterar ni retirar las puestas a tierra ni los aislamientos de las partes activas de los diferentes equipos, instalaciones y sistemas. Antes de desconectar un equipo o máquina será necesario apagarlo haciendo uso del interruptor. Las clavijas y bases de enchufes deberán asegurar que las partes en tensión sean inaccesibles cuando la clavija esté total o parcialmente introducida.

5. La tensión eléctrica nominal es el valor asignado a un sistema, a parte de un sistema, a un equipo, o a cualquier otro elemento, para su operación y comportamiento en condiciones normales.

6. Choque eléctrico por contacto directo o indirecto

   Quemaduras por choque o arco eléctrico

   Caídas o golpes como consecuencia de choque o arco eléctrico

Incendios o explosiones originados por la electricidad

7. El umbral es el límite; representa la máxima intensidad de corriente eléctrica que puede soportar una persona sin peligro, independientemente del tiempo que dure su exposición a la corriente. Su valor ha sido establecido para la corriente eléctrica alterna de frecuencia 50 Hz, entre 10 y 30 mA., según el sexo y la edad de las personas.

8. Se conocen como sistemas de alta tensión aquéllos en los que se utilizan tensiones alternas de valor efectivo superior a 1,000 V, o bien que tienen tensiones continuas superiores a 1500 V.

9. Los sistemas eléctricos de alta tensión se utilizan fundamentalmente cuando se manejan potencias elevadas y se quiere reducir las intensidades.

Por ellos es común encontrar sistemas de alta tensión en la generación de energía eléctrica, en el transporte de energía a cientos de kilómetros (líneas de 400 kV, 220 kV, 132 kV.), en la distribución de energía en áreas de decenas de km2 (líneas de 66 kV, 45 kV, 15 kV), así como en algunos sistemas de alimentación (habitualmente cuando la potencia supera los 500 kW).

10. La corriente trifásica es un tipo de corriente que se genera mediante alternadores dotados de tres bobinas o grupos de bobinas, las cuales se encuentran arrolladas sobre tres sistemas de piezas polares equidistantes entre sí. El retorno de cada uno de estos circuitos o fases se acopla en un punto, denominado neutro, donde la suma de las tres corrientes es cero, con lo cual el transporte puede ser efectuado usando solamente tres cables.

11. Se denomina así a los sistemas eléctricos en los que se utilizan tensiones alternas de valor efectivo entre 50 V y 1000 V, o tensiones continuas entre 75 V y 1500 V.

12. Los sistemas eléctricos de baja tensión se utilizan fundamentalmente para la conversión de la energía eléctrica en otra forma de energía, porque la gran

mayoría de receptores eléctricos están diseñados para el funcionamiento a baja tensión.

13. Ropa de protección, zapatos aislantes, protectores para los ojos, oídos y manos, cascos aislantes para la protección de la cabeza.

14. Sirven para comprobar la ausencia de tensión, para hacer maniobras con el seccionador, para colocar y retirar los equipos de puesta a tierra y, para extraer y colocar fusibles, entre otras tareas.

15. Están diseñados para poner en "cortocircuito" los conductores de las fases y ponerlos a tierra en cámaras, celdas, subestaciones transformadoras, ductos de barras, etcétera. Se instalan con el propósito de que las protecciones del sistema actúen en caso de que el servicio se active accidentalmente cuando se están haciendo reparaciones.

16. Se considera que una instalación de puesta a tierra es correcta cuando:

· Proporciona un camino de baja impedancia a tierra.

· Soporta y disipa repetidas corrientes de defecto y cortocircuito, o caída de rayos.

· Es suficientemente resistente a la corrosión como para asegurar sus propiedades durante toda vida útil del equipo a proteger.

17. Medir consiste en comparar magnitudes físicas con unidades que se establecen previamente como estándares; la medición da como resultado un número que es la relación entre la magnitud medida y la unidad de referencia.

18. Coulomb, ampere, volt, ohm, joule, farad, henry, watt.

19. Pueden obtenerse los valores de las principales variables eléctricas mediante la aplicación de las ecuaciones o fórmulas matemáticas que permiten relacionar unas magnitudes con otras y, por lo tanto, determinar los valores desconocidos a

través de su relación con los que sí se tienen. Esta vía de medición indirecta también es aplicable a los casos en los que aunque se cuenta con el instrumento de medida, su configuración del equipo hace difícil emplearlo.

20. Funcionan a través de un mecanismo que se basa en la interacción entre una corriente eléctrica y un imán; se trata de un diseño en el que un imán permanente produce un campo magnético que genera una fuerza magnética cuando hay un flujo de corriente en una bobina cercana al imán.

   El elemento móvil puede ser el imán o la bobina. La fuerza inclina el elemento móvil en un grado proporcional a la intensidad de la corriente. Este elemento móvil puede contar con un puntero o algún otro dispositivo que permita leer en un dial el grado de inclinación.

21. El amperímetro.

22. Mide la diferencia de potencial, tensión o voltaje entre los dos polos de una batería o entre dos puntos de un circuito.

23. Un multímetro –también denominado polímetro o *teste-r*, es un instrumento electrónico de medida que combina varias funciones en una sola unidad. Las más comunes son las de voltímetro (voltaje), amperímetro (corriente) y ohmímetro (resistencia).

24. El uso del osciloscopio no sólo permite medir el voltaje, sino que una correcta interpretación del despliegue que ofrece también arroja datos sobre la corriente, el tiempo, la frecuencia y las diferencias de fase.

25. Onda senoidal, triangular, cuadrada y en dientes de sierra.

26. a)   Los fusibles o protecciones térmicas

    b) Interruptor termomagnético o disyuntor

    c)   Interruptor o Protector Diferencial

27. Motores de corriente alterna y de corriente continua.

28.   Los transformadores son dispositivos basados en   la inducción electromagnética; en su versión más simple están constituidos por dos bobinas devanadas sobre un núcleo cerrado de hierro dulce. Una de estas bobinas o devanados se denomina primario y, el otro, secundario.

29. Un diodo es un dispositivo que permite el paso de la corriente eléctrica en una sola dirección.

30. Multivibradores, convertidores, filtros digitales, compuertas, circuitos aritméticos, registros, etc.

31. Una falla puede definirse como la incapacidad de un elemento o componente de un equipo para satisfacer plenamente su comportamiento funcional deseado en el contexto operacional real.

32. Sobrecorriente, sobrevoltaje, sobrecarga de potencia.

33. No-encendido, cortocircuito, retardo al encender, interrupción intermitente, encendido y apagado, etc.

34. Los diagramas esquemáticos muestran gráficamente el diseño electrónico del equipo del que se trate.

2

APLICACIÓN DE PRUEBAS DE FUNCIONAMIENTO A EQUIPOS ELECTRÓNICOS.

MAPA CURRICULAR DE LA UNIDAD DE APRENDIZAJE

Módulo

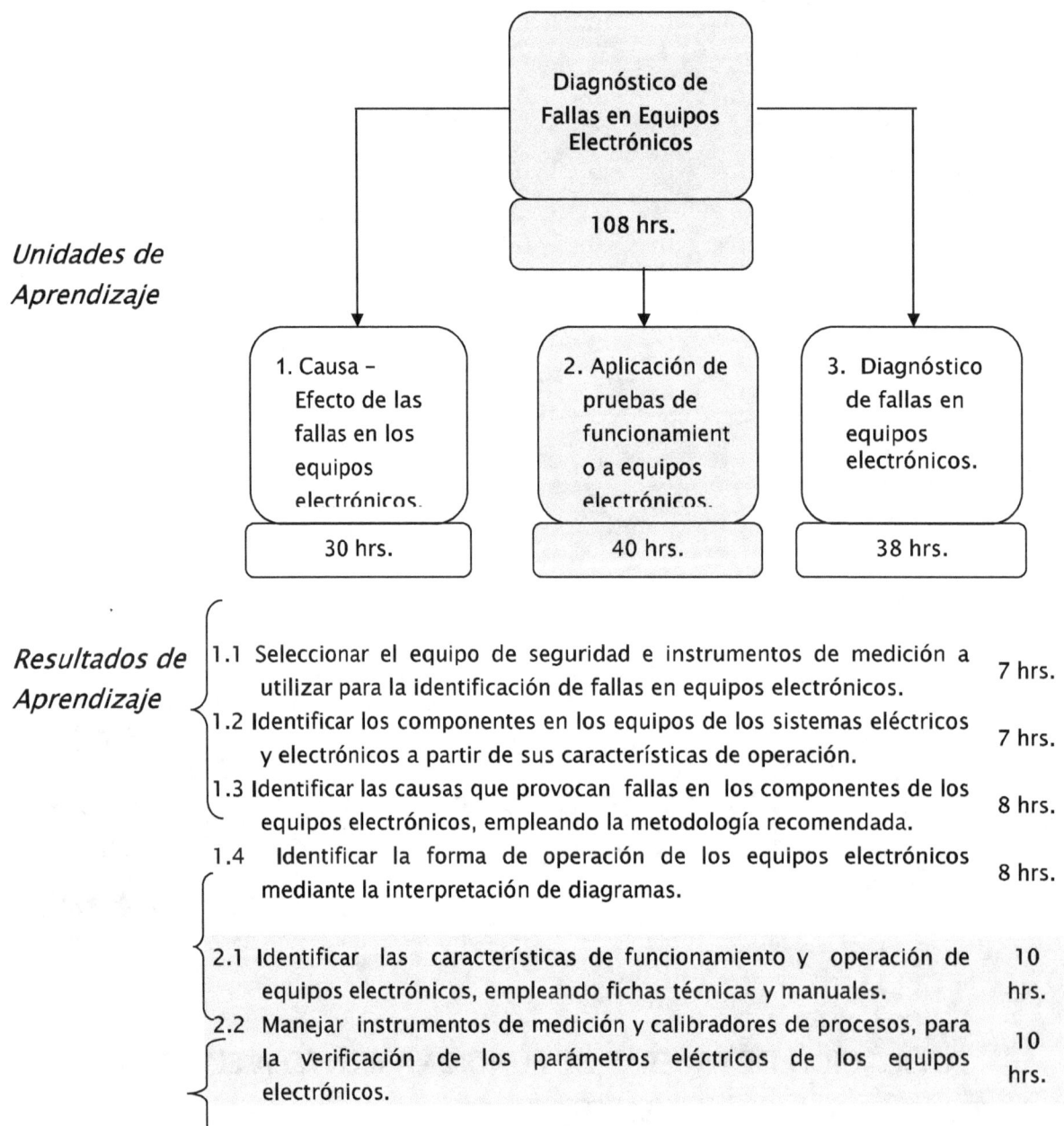

Diagnóstico de Fallas en Equipos Electrónicos

108 hrs.

Unidades de Aprendizaje

1. Causa – Efecto de las fallas en los equipos electrónicos.

30 hrs.

2. Aplicación de pruebas de funcionamiento a equipos electrónicos.

40 hrs.

3. Diagnóstico de fallas en equipos electrónicos.

38 hrs.

Resultados de Aprendizaje

1.1 Seleccionar el equipo de seguridad e instrumentos de medición a utilizar para la identificación de fallas en equipos electrónicos. — 7 hrs.

1.2 Identificar los componentes en los equipos de los sistemas eléctricos y electrónicos a partir de sus características de operación. — 7 hrs.

1.3 Identificar las causas que provocan fallas en los componentes de los equipos electrónicos, empleando la metodología recomendada. — 8 hrs.

1.4 Identificar la forma de operación de los equipos electrónicos mediante la interpretación de diagramas. — 8 hrs.

2.1 Identificar las características de funcionamiento y operación de equipos electrónicos, empleando fichas técnicas y manuales. — 10 hrs.

2.2 Manejar instrumentos de medición y calibradores de procesos, para la verificación de los parámetros eléctricos de los equipos electrónicos. — 10 hrs.

180

2.3 Aplicar pruebas de operación a los equipos electrónicos para validad su funcionamiento mediante la documentación de los resultados obtenidos.   20 hrs.

3.1 Identificar las etapas del diagnostico de fallas a partir del análisis estructural de inspección de los equipos.   10 hrs.

3.2 Realizar el diagnóstico de fallas a equipos y sistemas electrónicos cumpliendo todas sus etapas.   28 hrs.

2. APLICACIÓN DE PRUEBAS DE FUNCIONAMIENTO A EQUIPOS ELECTRÓNICOS.

SUMARIO

- CARACTERÍSTICAS DE LOS SISTEMAS ELECTRÓNICOS

- CARACTERÍSTICAS DE LOS EQUIPOS ELECTRÓNICOS

- CARACTERÍSTICAS DE LOS COMPONENTES

- INSTRUMENTOS DE MEDICIÓN Y VERIFICACIÓN ELECTRÓNICOS

- CALIBRADOR DE PROCESOS EN EL MODO DE MEDICIÓN

- CALIBRADOR DE PROCESOS EN EL MODO DE FUENTE

- PRUEBAS GENERALES DE OPERACIÓN DE EQUIPOS ELECTRÓNICOS

- DOCUMENTACIÓN DE RESULTADOS

RESULTADO DE APRENDIZAJE

Identificar las características de funcionamiento y operación de equipos electrónicos, empleando fichas técnicas y manuales.

Para poder entender cómo opera un componente, un equipo o un sistema electrónico particular, es necesario contar con información específica sobre el caso, ya que dependiendo del fabricante o de la función específica que cumplan los equipos puede haber diferencias importantes que deben tomarse en cuenta para realizar cualquier diagnóstico.

Para obtener dicha información hay dos fuentes principales: las fichas técnicas y los manuales del fabricante.

En el anexo de este manual pueden consultarse algunos ejemplos de ambos tipos de documentos.

2.1.1 LAS CARACTERÍSTICAS DE LOS SISTEMAS ELECTRÓNICOS

Cuando se habla de un sistema electrónico se hace referencia a un conjunto de equipos electrónicos que están relacionados para trabajar en un proceso común.

Por ejemplo, un sistema de control está constituido por un elemento primario de medición (sensor de temperatura, de presión, de nivel, etcétera), por un transductor que transforma las señales del sensor en señales eléctricas, por un transmisor que transfiere dichas señales a la unidad principal de control para que compare la señal que recibe con los parámetros que se manejan en ella, y por un elemento final de control (válvula y actuador) que permiten mantener el sistema en las condiciones normales de operación.

- La interpretación de las fichas técnicas

Cualquier sistema electrónico debe contar con una ficha técnica en la que se especifiquen sus principales características: el tipo de sistema de que se trata (comunicación, energía, control...), la función que tiene, los elementos que lo integran, la localización de cada uno de ellos, y algunos otros datos técnicos complementarios. Al conocerlos, el especialista está en condiciones de hacer una primera interpretación sobre las características y complejidad del sistema con que está trabajando.[5]

Dado que un sistema implica un conjunto de equipos, la ficha técnica incluye información indispensable para entender cómo están hechas las conexiones entre los equipos que lo conforman; concretamente, la ficha debe presentar el Diagrama de Tuberías e Instrumentación (DTI

Aunque el formato de las fichas técnicas puede ser variable, siempre debe incluir información sobre la función del sistema y sobre la localización de los equipos dentro del mismo, así como de sus características de operación más importantes. Por su contenido, las fichas técnicas ofrecen una visión panorámica del sistema y facilitan tanto la localización de los

---

[5] Para profundizar sobre las características de los distintos tipos de sistemas electrónicos puede consultarse la sección 1.2.1. de este manual

distintos equipos que lo conforman, como la identificación de las fallas.

Lo anterior se debe a que los equipos que componen un sistema electrónico determinado dependen de la función general del mismo; así, cuando en una ficha técnica se especifica qué función principal tiene el sistema, se puede deducir qué tipo de equipos electrónicos lo componen, y también se puede tener una idea de la complejidad técnica del mismo.

Cuando el sistema ha sido integrado por un fabricante, él mismo entregará la ficha técnica correspondiente; cuanto el sistema se integre a partir de equipos de distintos fabricantes, la ficha técnica deberá ser elaborada por quienes diseñaron e implementaron el sistema en lugar de trabajo.

- El uso de los manuales

Los manuales del fabricante son otra fuente esencial para conocer con más detalle cuáles son las características de los sistemas, así como la forma de instalarlos, operarlos y darles mantenimiento. Evidentemente, esta información es indispensable para hacer el diagnóstico de fallas; de ahí la

importancia de conservar los manuales que acompañan al equipo y disponer de ellos siempre que se vaya a realizar cualquier diagnóstico.

Los manuales para la instalación del sistema

Se elaboran con el propósito de conducir la correcta implementación del sistema, así como el procedimiento óptimo para echarlo a andar, de tal manera que se garantice su buen funcionamiento.

Es muy probable que si al momento de usar el sistema por primera vez ocurre una falla, el propio manual permita concluir si se debe a errores en la instalación, y que además oriente sobre la manera de corregirlos.

Los manuales para la operación del sistema

La creciente complejidad de los sistemas electrónicos obliga a manejarlos de acuerdo con especificaciones técnicas precisas que eviten los llamados "errores de operario" que se originan en el desconocimiento o en la falta de capacitación para la adecuada operación de los mismos.

El propósito de los manuales de operación consiste precisamente en conducir a los operarios para que manejen los equipos adecuadamente.

Cuando las reglas de operación no se cumplen, hay una alta probabilidad de que se presenten fallas en los equipos; a eso se debe que la información contenida en este tipo de manuales tenga un peso importante para el diagnóstico de las fallas.

Para apoyar la correcta operación del sistema, es importante revisar también los diagramas de lazo y de alambrado, en los que describen la secuencia del proceso y las conexiones y señales que se dan a lo largo del mismo.

Manuales para el mantenimiento del sistema

Para asegurar que el funcionamiento del sistema sea correcto, también es necesario observar las recomendaciones e información del fabricante para llevar a cabo el mantenimiento respectivo.

En este tipo de manuales, el fabricante o diseñador especifica los cuidados rutinarios que hay que tener con el equipo, las características técnicas y los diagramas necesarios para profundizar sobre las condiciones de operación normales. Su información permite llevar a cabo el mantenimiento completo, localizar con precisión las unidades que lo componen, identificar el flujo de la señal y el tipo de conexión que utiliza; estos últimos datos son particularmente útiles cuando se inicia el procedimiento para el diagnóstico de fallas en algún elemento electrónico.

PARA CONTEXTUALIZAR CON:

Trabajo en equipo

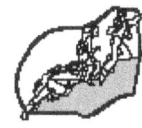

Competencia tecnológica

Interpretar las fichas técnicas y los manuales del fabricante para identificar el funcionamiento de componentes, equipos y sistemas electrónicos

Con el propósito de que te ejercites

en el manejo e interpretación de la información que ofrecen los manuales y las fichas técnicas de los sistemas electrónicos, deberás organizarte con tus compañeros de equipo para llevar a cabo las siguientes actividades:

- Seleccionen un sistema electrónico de suficiente complejidad como para que puedan abordar el análisis de información técnica tanto a nivel del sistema en su conjunto como de los equipos y componentes que lo integran, ya que más adelante retomarán estos niveles para llevar a cabo otras actividades.

- Al elegirlo procuren que se trate de un sistema con el que muy probablemente se enfrenten en su trabajo como profesionales técnicos. Desde luego, puede ser cualquier tipo de sistema; lo importante es que puedan disponer de los manuales y fichas técnicas respectivas y, sobre todo, que les interese analizar como sistema.

- Elaboren una breve justificación en la que argumenten por qué eligieron ese sistema.

- Consignan la ficha técnica del sistema, así como los manuales para la instalación, operación y mantenimiento del mismo.

- Identifiquen cada uno de los equipos que integran el sistema con el que están trabajando, así como la función que cumple cada uno de ellos y sus relaciones. Para hacerlo, revisen las fichas técnicas y manuales de que disponen.

- Hagan una primera revisión de la ficha y comenten en grupo qué información les parece más relevante para entender el funcionamiento del sistema y por qué. Argumenten sus ideas con base en los temas que han revisado durante el curso.

- Planteen también qué preguntas sería indispensable responder a través de los manuales para lograr una comprensión más completa sobre las características del sistema.

- Revisen los manuales y respondan por escrito las preguntas que se habían planteado; si después de haber leído los manuales consideran que debieron incluir otras preguntas, agréguenlas a su listado.

- Si consideran que necesitan alguna otra información para entender cómo funciona el sistema, anótenla y consulten en alguna otra fuente.

2.1.2 CARACTERÍSTICAS DE LOS EQUIPOS ELECTRÓNICOS

Un equipo electrónico constituye una unidad autónoma que puede funcionar sola o dentro de un sistema.

En este último caso, su funcionamiento está enlazado con el de otros equipos para lograr la finalidad del sistema.

Independientemente de que el equipo esté funcionando sólo o dentro de un sistema, siempre debe contar con la ficha técnica y los manuales respectivos.

Cabe señalar que en caso de que no se disponga de ellos, puede recurrirse tanto al fabricante directo como a otras fuentes en las que se describa el equipo particular, por ejemplo, a través de Internet.

- Interpretación de las fichas técnicas

La ficha técnica de un equipo describe a grandes rasgos su tipo, función y características generales de operación; por ello, constituye una primera aproximación a la configuración y propiedades del mismo.

En este sentido, por ejemplo, al identificar el tipo de equipo automáticamente se conoce su función, y al conocerla se puede entender mejor su funcionamiento general y orientar con más precisión el análisis de las fallas. Evidentemente, la riqueza de la interpretación de estos datos depende de los conocimientos que se tengan sobre la electricidad, la electrónica y el funcionamiento de los equipos en general.

Aunque para la interpretación de las fichas técnicas y los manuales no se tiene que seguir un procedimiento único, es recomendable comenzar este primer acercamiento al equipo por el análisis de su función y parámetros de operación.

Al final del manual, en el anexo, aparece un ejemplo de ficha técnica de un equipo electrónico; también pueden consultarse los siguientes sitios de Internet

http://www.easydeltav.com/productdata/pds/index.asp

http://www.interdos.com.mx/;

http://www.semiconductors.philips.com/;
http://www.hitachi.com/jsp/hitachi/hitachi/product/business/semicon/index_t.html

http://www.bdent.com/

- **Características de operación**

Todas las características principales del equipo, como la corriente que debe utilizar, el voltaje al cual debe trabajar, los tiempos de respuesta y las temperaturas óptimas de funcionamiento, están incluidos dentro de los manuales de operación del mismo,.

Estos deben ser analizados cuidadosamente para poder interpretarlos, y apoyarse en ellos para detectar las fallas durante el diagnóstico.

- **Uso de manuales**

Dentro de las especificaciones que se manejan en las fichas técnicas y manuales que acompañan a los equipos, es necesario tomar en cuenta los requerimientos de funcionamiento que el fabricante indica para el equipo.

Los parámetros correctos o parámetros nominales de operación, los ajustes que pueden hacerse al equipo.

Las variaciones que el mismo puede presentar constituyen información muy valiosa cuando se lleva a cabo el diagnóstico sobre el funcionamiento de de un sistema o equipo.

PARA CONTEXTUALIZAR CON:

Trabajo en equipo

Competencia tecnológica

Interpretar las fichas técnicas y los manuales del fabricante para identificar el funcionamiento de componentes, equipos y sistemas electrónicos

Con base en el sistema electrónico que eligieron para trabajar, realiza junto con tus compañeros de equipo las siguientes actividades:

- Identifiquen cuáles son los componentes de cada uno de los equipos que integran el sistema con el que están trabajando, así como la función que cumple cada uno de ellos y sus relaciones. Para hacerlo, revisen las fichas técnicas y manuales de que disponen.

- Elaboren una lista con las preguntas que, en su papel como profesionales técnicos, consideran importante poder responder acerca del funcionamiento de los equipos. Argumenten por qué es importante cada una de las preguntas que hacen.

- Contéstenlas con base en la información que proporcionan sobre los equipos, tanto las fichas técnicas como los manuales

- Para cada uno de los equipos, analicen los diagramas que aparezcan tanto las fichas técnicas como los manuales. Recuerden que para hacer una correcta interpretación de ellos pueden consultar la simbología eléctrica y electrónica que aparece en la última sección de este manual.

- Es muy importante que durante el análisis de la información técnica tengan a la mano las definiciones de las variables eléctricas.

- Si tienen dudas sobre el significado de alguna información, o consideran que falta información para poder responder las preguntas que se hicieron al principio, consulten otras fuentes, incluso al PSP.

▪ Identifiquen a nivel individual y como equipo si tuvieron dificultades para interpretar las fichas técnicas y los manuales, y a qué se debieron. Propongan cómo resolverlas.

2.1.3 CARACTERÍSTICAS DE LOS COMPONENTES

Un componente es una parte constituyente de un equipo electrónico, y aunque tiene una función definida, no puede actuar de manera autónoma.

Por ejemplo, los diodos, los capacitares y las resistencias, son componentes electrónicos cuya función está claramente definida, pero que para que puedan llevarla a cabo deben incorporarse a un equipo[6].

▪ Interpretación de fichas técnicas

---

[6] Para revisar nuevamente cuáles son los principales componentes electrónicos, su función y características, puede consultarse la sección 1.2.2 de este manual.

Igual que en el caso de los sistemas y los equipos, los componentes electrónicos también cuentan con una ficha técnica; sin embargo, lo más común es que esa ficha por su brevedad esté incluida en un catálogo en el que aparecen los distintos componentes que ofrece un fabricante en particular. Evidentemente, la información técnica de un componente es menor que la que debe especificarse para un equipo o un sistema.

En el caso de los componentes, la información técnica puede ser muy breve, e incluso estar implícita en su presentación. Por ejemplo, las resistencias y los capacitores[7] indican sus valores de operación de manera directa, mediante el uso de códigos cromáticos que aparecen en el propio componente.

Cuando los componentes electrónicos son de mayor complejidad, por ejemplo, los circuitos integrados, la amplitud de la información sí amerita la integración de fichas técnicas que pueden estar disponibles tanto en un documento anexo al componente como

---

[7] También se les conoce como condensadores

en sitios de *internet.* Es posible también buscar en libros, revistas o listas de códigos la información que pudiese faltar.

Independientemente de la complejidad de los componentes, es importante conocer cuáles son sus valores y parámetros para las siguientes variables:

- Voltajes, corrientes y resistencias.

- Impedancia.

- Tiempo y frecuencia.

- Formas de onda.

- Temperatura.

- Uso de manuales

Cuando un componente electrónico tiene una función compleja y sus características técnicas lo ameritan, el fabricante elabora un manual en el que éstas se especifican.

De la misma manera que para los equipos y sistemas electrónicos, en el caso de los componentes, este manual es muy útil para identificar las condiciones normales de operación y apoyar el diagnóstico de fallas.

Incluso cuando se decide sustituir un componente electrónico complejo es imprescindible revisar el manual correspondiente para decidir por cuál otro puede cambiarse.

Al respecto, existen tablas de equivalencia de componentes electrónicos de distintos fabricantes con base en las cuales se pueden reparar los equipos mediante la sustitución de un componente por otro, sobre todo cuando hay problemas de disponibilidad o diferencias en el costo.

PARA CONTEXTUALIZAR CON:

Trabajo en equipo

Competencia tecnológica

Interpretar las fichas técnicas y los manuales del fabricante para identificar el funcionamiento de componentes, equipos y sistemas electrónicos

Con base en los componentes que integran cada uno de los equipos del sistema electrónico que eligieron para trabajar, organícense para que cada uno de los integrantes se encargue de analizar un conjunto de ellos.

- Una vez identificados los componentes de los equipos, decidan cómo pueden agrupar los componentes para revisar la información que aparece en las fichas técnicas y en los manuales.

- Colóquense en su posición como profesionales técnicos que trabajarán con este tipo de componentes y plantéense qué información técnica necesitarían conocer para poder manejarlos adecuadamente y por qué.

- Respondan dichas preguntas recurriendo a la información que aparece en las fichas técnicas y los manuales y, a sus conocimientos sobre lo que significan los datos que aparecen en ellos.

- Si algunas de sus preguntas no pudieron resolverse por esa vía, consulten con el PSP a qué puede deberse

- Analicen las respuestas que dieron para los distintos componentes, identifiquen en qué casos fueron las mismas y expliquen a qué se deben

Redacción de trabajo

Competencia lógica

Organizar jerárquicamente los componentes y equipos dentro de un sistema electrónico

- Con base en los resultados de las tres actividades anteriores, el equipo deberá elaborar un cuadro sinóptico con las preguntas que planteó para conocer el funcionamiento del sistema, de los equipos y de los componentes, en el que vaya de lo general a lo particular.

- El cuadro sinóptico deberá encabezarse con el nombre del sistema analizado y deberá presentar también una breve descripción de sus propósitos.

- La forma en que presenten el cuadro debe permitir que se vean con claridad cuál es la lógica que siguen sus preguntas y también cómo se relacionan unas con otras.

- Cada equipo deberá presentar al grupo su cuadro sinóptico poniendo énfasis en sus argumentos para haber hecho esas preguntas y para haberlas acomodado de esa manera y atenderá los comentarios del resto de los compañeros para mejorar su estrategia de acercamiento a las características de funcionamiento de los sistemas, equipos y componentes mediante la revisión de las fichas técnicas y los manuales.

RESULTADO DE APRENDIZAJE

Manejar instrumentos de medición y calibradores de procesos, para la verificación de los parámetros eléctricos de los equipos electrónicos.

2.2.1 INSTRUMENTOS DE MEDICIÓN Y VERIFICACIÓN ELECTRÓNICOS

- El multímetro

Como se vio en el primer capítulo del manual, el multímetro es un instrumento muy útil porque permite medir más de una variable eléctrica; en esta sección se abordan las recomendaciones para su uso.

Para cada uno de los tres principales parámetros que pueden medirse con un multímetro se hace una descripción por separado; cuando se utiliza para medir la tensión o el voltaje, se dice que está funcionando como voltímetro; cuando mide la resistencia como ohmímetro y como amperímetro cuando mide la corriente.

Régimen de voltímetro. Medición de la tensión eléctrica

Una recomendación preliminar para utilizar correctamente el multímetro, es no intentar medir tensiones continuas o alternas que excedan el nivel máximo que soporta el instrumento; para poder cumplirla es necesario consultar en el manual respectivo cuál es la tensión máxima que puede medirse con el multímetro de que se dispone y confirmar que la tensión del equipo de interés se encuentra por debajo de ese valor.

Para medir la tensión de un componente o equipo, el primer paso consiste en seleccionar entre las funciones disponibles en el multímetro, la tensión; enseguida el modo de la corriente (AC/CD) y, en caso de no saber cuál es el valor preciso de la tensión a medir, elegir primero la escala mayor e ir ajustándola poco a poco.

Para medir la tensión, el multímetro siempre debe colocarse en paralelo con el circuito cuya tensión se está midiendo.

Si se está midiendo tensión continua, entonces hay que tener en cuenta la polaridad de los bornes de entrada para hacer la conexión (el negro corresponde al negativo y el rojo al positivo), y si las medidas son de tensión alterna, hay que tener presente

que el multímetro mide valores eficaces.

PARA CONTEXTUALIZAR CON:

Realización del ejercicio

Competencia tecnológica

Utilizar equipos de medición y verificación electrónica

- Investiga de qué tipo de multímetros se dispone en el plantel

- Revisa nuevamente las fichas técnicas y los manuales del sistema, los equipos y los componentes que utilizaste en las actividades de la sección anterior e identifica cuáles son los valores tensión eléctrica que deben medirse en cada caso y el tipo de corriente (A/D) de que se trata.

- Elabora un listado en con esos datos y anote a un lado de ellos y anota cuál(s) multímetro(s) podría(n) utilizarse para hacerlo.

- Repasa las recomendaciones para usar el multímetro en el régimen de voltímetro y redacta la secuencia de actividades que debe seguirse para medir la tensión. Incluye en dicha secuencias las medidas de seguridad que deben adoptarse cuando se trabaja con tensiones eléctricas

- Mide la tensión de 5 componentes electrónicos usando el multímetro adecuado y siguiendo la secuencia que estableciste para hacerlo correctamente

Régimen de amperímetro. Medición de la intensidad eléctrica

Igual que cuando se miden tensiones, siempre que se utilice un multímetro es imprescindible asegurarse que la intensidad que se pretende medir no sea superior a la máxima de dicho instrumento en particular.

El primer paso para medir la intensidad consiste en seleccionar la función correspondiente en el multímetro, es decir, el de intensidad; enseguida, se elige el modo de la corriente (AD/CD) y la escala más alta para comenzar a hacer la medición; si la intensidad no produce ningún registro, entonces se irán seleccionando progresivamente escalas más bajas hasta encontrar la adecuada.

Para medir la intensidad de la corriente, siempre se colocará el multímetro en serie con el circuito que está midiendo.

Régimen de ohmímetro. Medición de la resistencia eléctrica

Antes de conectar el multímetro a la resistencia es indispensable asegurarse de que no hay tensión actuando en el circuito en que se encuentra la resistencia.

En este caso, para medir la resistencia se selecciona la función que corresponde a su unidad de medida, es decir, ohm u ohmio; posteriormente se selecciona la escala mayor y se va ajustando con escalas menores hasta encontrar la adecuada para el circuito particular que se está midiendo.

No sobra reiterar que la opción AC/DC es inoperante y no influye en la medición de esta variable.

PARA CONTEXTUALIZAR CON:

Repetición del ejercicio

Competencia tecnológica

Utilizar equipos de medición y verificación electrónica

- Haz lo mismo que en la actividad anterior, pero ahora con relación a la intensidad y a la resistencia

---

- Los instrumentos de verificación

El Probador de continuidad

El instrumento más común para verificar la continuidad es el ohmímetro, ya que al medir la resistencia se puede inferir cuál es el valor de la continuidad. La regla es muy sencilla: si una pieza tiene una resistencia cercana a cero, eso comprueba que tiene continuidad; por el contrario, cuando para la pieza se registra una resistencia infinita, eso significa que no tiene continuidad.

El circuito a medir debe estar sin tensión durante esta comprobación.

El Probador de diodos

Para probar un diodo, podemos usar ya sea un ohmímetro, un probador de diodos o un probador de transistores.

Para hacer la prueba del diodo con el ohmímetro, el interruptor selector se mueve hasta Rx100, y se conectan al diodo las terminales del ohmímetro. En la polarización directa, el ohmímetro debe indicar menos de 100 ohm En la polarización de dirección invertida la lectura del ohmímetro debe ser de 5000 ohm aproximadamente.

El Probador de transistores

Para probar si un transistor tiene un cortocircuito o está interrumpido, simplemente se conecta el conductor positivo del ohmímetro (Rx100) a la base, y el conductor negativo al emisor de un transistor npn.

De esta manera el transistor es de polarización negativa directa y debe obtenerse una lectura de baja resistencia.

Al invertir las terminales a las regiones del emisor o de la base que se polarizan positivamente, se obtendrá una lectura de alta resistencia.

Cabe recordar que siempre debe obtenerse una lectura de alta o baja resistencia. Dos lecturas de alta resistencia indican un circuito abierto; dos lecturas de baja resistencia indican un cortocircuito en el transistor (probado fuera del circuito).

Probador de capacitores

Para medir la capacitancia de un capacitor se pone el ohmímetro en una escala alta, 10000 ohm, y se conectan las terminales del ohmímetro a las del capacitor.

Es necesario asegurarse previamente de que se ha descargado el capacitor, poniendo en cortocircuito las terminales con un tramo de alambre o un desarmador.

Cuando las terminales del medidor hayan sido colocadas a través del capacitor, la aguja se debe desplazar hacia arriba y después volver lentamente hacia abajo a una posición de lectura cercana a cero.

Si la aguja, o los datos en la pantalla, no registran desviación o desplazamiento alguno, esto es señal de que el capacitor se encuentra abierto (interrumpido); y si la aguja no regresa hacia abajo, esto indicaría que el capacitor tiene un cortocircuito.

Probador de temperatura

El termómetro resulta útil para identificar las temperaturas de operación de los componentes.

Esto es muy importante debido a que si la temperatura de operación de cualquiera de los componentes se encuentra fuera del rango de temperatura especificado por el fabricante, ésa es una señal de que hay algún problema con el componente y, por lo tanto, que es necesario hacer alguna(s) prueba(s) de falla para diagnosticarlo con precisión.

PARA CONTEXTUALIZAR CON:

Comparar resultados con otros compañeros

Competencia tecnológica

Utilizar equipos de medición y verificación electrónica

- Para que utilices más adecuadamente los instrumentos de verificación a que se hace referencia en esta sección, es importante que visualices primero qué tienes que hacer cuando los uses.

- Para lograrlo, revisa las recomendaciones que se hacen en este manual para utilizar el probador de diodos, el de transistores, y el de capacitares, compleméntala con la información que presente en clase el PSP, y con base en ambas elabora la secuencia de actividades que tendrías que realizar para utilizarlos.

- Dicha secuencia debe incluir también las medidas de seguridad que deben seguirse cuando se utilizan ese tipo de instrumentos.

- Compara tus resultados con los de tus compañeros de grupo y has los ajustes que consideres convenientes

- Instrumentos especiales de verificación

Permiten identificar bajo qué condiciones está funcionando un equipo o componente, mediante el análisis de características más particulares, tales como: la forma de onda o el tipo de señal que manejan. Asimismo, este tipo de instrumentos, a diferencia de los descritos los párrafos anteriores, requieren hacer una interpretación de los datos.

Los instrumentos especiales de verificación de mayor uso son el

198

DIAGNÓSTICO DE FALLAS EN EQUIPOS ELECTRÓNICOS

osciloscopio, el generador de funciones y la punta lógica[8].

El Osciloscopio

A continuación se describen la forma de poner en operación el osciloscopio y de utilizarlo; como se recordará, su utilidad y principios de funcionamiento ya fueron abordados en el capítulo anterior.

Precauciones generales

- Antes de conectar el osciloscopio es conveniente ajustar el brillo (INTENSITY) en su posición intermedia, para evitar el deterioro que provocan los fuertes destellos del haz de luz en la pantalla.

- Los controles de desplazamiento del haz para las etapas vertical y horizontal (POSITION) deben ajustarse en sus posiciones intermedias, puesto que de encontrarse en posiciones extremas no es posible visualizarlo.

---

[8] Para profundizar un poco más en las características y principios de funcionamiento de estos instrumentos, puede consultarse la sección 1.1.2. de este manual.

- También debe asegurarse que la fuente de barrido del circuito de disparo preseleccionada es correcta. Al respecto conviene tener presentes los siguientes casos :

  - Si la fuente está seleccionada en la posición "EXT" (fuente externa), y el modo de disparo es automático (MODE-AUTO), el haz permanecerá inmóvil hasta en tanto no se aplique una señal de barrido.

  - Si la fuente está seleccionada en la posición EXT y el modo de disparo es normal (MODE-NORM), entonces al haz no aparecerá.

Puesta en marcha

- Una vez que se ha encendido el osciloscopio, debe situarse el conmutador de entrada de señal vertical correspondiente en la posición GND y, mediante los controles de posición (POSITION) ajustar el trazo en una posición de referencia en la retícula de la pantalla (normalmente en el centro).

- Una vez que se ha hecho lo anterior, se deben ajustar los distintos controles del tubo de rayos catódicos como intensidad adecuada, foco, rotación del trazo, etcétera.

La visualización de las señales

- Para visualizar una señal es preciso introducir la(s) sonda(s) de medida en el conector de entrada vertical (INPUT). Si el osciloscopio es de doble canal, se dispondrá de dos entradas, normalmente CH1 o Y, y CH2 o X y, para señales de elevada tensión habrá que usar sondas atenuadoras especiales.

- Para modificar la representación de la imagen deben utilizarse los conmutadores de atenuación vertical (VOLTS/DIV) y horizontal o de barrido (TIME/DIV o SEC/DIV).

  Así, por ejemplo, una señal de 30 V no podrá ser visualizada si el atenuador VOLTS/DIV está en la posición de 10mV/div, y tampoco una señal de 10 KHz (T=0,1 ms) si el atenuador SEC/DIV está en la posición de 5s/div.

- Antes de llevar a cabo una medición es necesario ajustar los mandos correspondientes al ajuste fino de sensibilidad vertical y horizontal (VARIABLE) en la posición CAL.

La toma de medidas

Una vez visualizada la señal, es posible hacer la medición. Las mediciones que pueden hacerse con el osciloscopio son tanto de corriente alterna como de corriente continua:

- Medición de la corriente alterna

  - El selector de entrada debe estar en la posición "AC" y debe aparecer un ciclo completo de la señal.

  - La medida de una tensión alterna se obtiene mediante el producto del número de cuadros que ocupa la señal en la retícula de la pantalla (pico a pico), por la escala seleccionada en el atenuador vertical VOLTS/DIV, siempre que el mando de ajuste fino (VARIABLE) se encuentre en su posición "CAL".

  - La magnitud de la escala seleccionada normalmente viene impresa con marcas en el mismo mando VOLTS/DIV, aunque en algunos modelos se muestra directamente en la pantalla.

• Medición de la corriente continua

- En este caso, el selector de entrada **debe** situarse en la posición de acoplamiento DC; si se trata de medir una señal alterna que tiene superpuesta un nivel de continua, deberá hacerse lo mismo.

- En contraste, si en este último caso la entrada se colocara en la posición AC, entonces se eliminaría la componente continua y sólo se podría visualizar la componente alterna de la señal.

- El procedimiento de lectura de la medida es el mismo que en el caso de una corriente alterna, aunque la línea de referencia (acoplamiento GND) en torno a la cual se desplazará el haz, deberá fijarse positivamente(hacia arriba) o negativamente (hacia abajo) en función de la magnitud medida y la posición del atenuador de entrada vertical (VOLTS/DIV).

• Medición de la frecuencia

- Para medir la frecuencia de una señal es indispensable visualizarla por lo menos durante un ciclo completo; para conocerla habrá de considerarse el tiempo que dura un ciclo y calcular su valor inverso, es decir, que la frecuencia es inversa al periodo de tiempo de un ciclo: $f = 1/T$.

- El cálculo se hace con base en el conteo de los cuadros que ocupa un ciclo completo en el eje horizontal de la pantalla y esa cantidad se multiplica por el tiempo de barrido seleccionado en el conmutador SEC/DIV.

- Cuando se mide la frecuencia es muy importante situar el mando de ajuste fino de sensibilidad (VARIABLE) del circuito horizontal, en la posición CAL.

EJEMPLOS

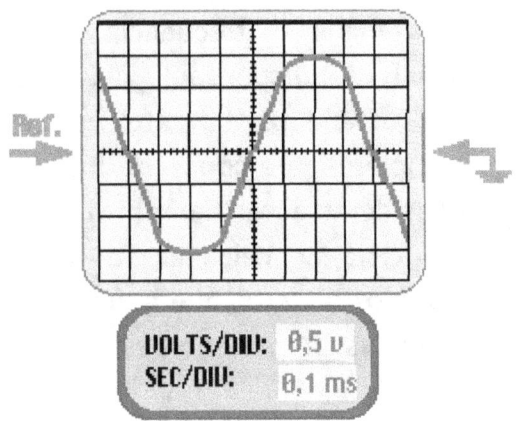

| VOLTS/DIV: | 0,5 v |
| SEC/DIV: | 0,1 ms |

CORRIENTE ALTERNA Y FRECUENCIA

Tensión de pico:

DIV x 0,5 VOLTS/DIV = 1,5 V (de pico)

Tensión pico-pico: V_{p-p} = 3 V

Frecuencia: 8 DIV x 0,1 ms = 0,8 ms

$f = 1/T = 1/0,8ms = 1250$ Hz

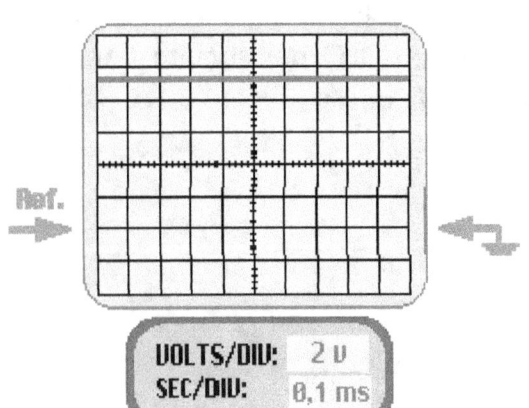

| VOLTS/DIV: | 2 v |
| SEC/DIV: | 0,1 ms |

CORRIENTE CONTINUA

Valor de tensión:

4,6 DIV x 2 VOLTS/DIV = 9,2V

PARA CONTEXTUALIZAR CON:

Comparación de resultados con otros compañeros

Competencia analítica

Analizar el funcionamiento de los equipos y componentes electrónicos

- Tomando en cuenta el tipo de datos que aporta el osciloscopio, y las recomendaciones que se presentaron en este manual para usarlo correctamente, describe un escenario en el cual tuvieras que utilizarlo para obtener información sobre el funcionamiento de un equipo electrónico.

- El escenario debe incluir el nombre o tipo de equipo y por qué lo elegiste, el listado de información a obtener mediante

---

el osciloscopio, las medidas de seguridad que debes adoptar para utilizarlo y la secuencia de actividades que tendrías que llevar a cabo para obtener los datos e interés. Para diseñarlo puedes consultar otras secciones de este manual e integrar tus conocimientos al respecto.

- Compara tu propuesta con la de tus compañeros de grupo e identifica tus dudas

- Consúltalas con el PSP o con algún otro especialista en el tema.

El Generador de funciones

Existen distintos modelos de este instrumento, pero todos ellos comparten la misma función: producir funciones de ondas eléctricas, mediante las cuales puede inferirse el comportamiento de un componente o equipo.

La siguiente figura presenta la imagen de un generador de funciones típico; cada una de sus partes aparece identificada con los siguientes números y funciones:

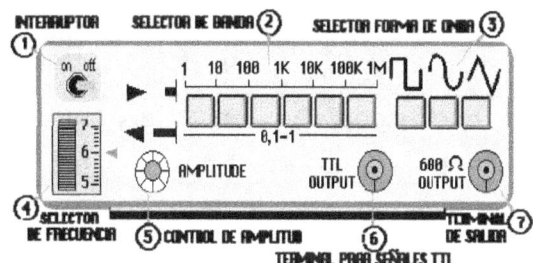

1. El **interruptor** para encender y apagar el generador

2. El **selector de banda** que sirve para establecer el margen de frecuencias en el que se llevará a cabo la medición.

3. El **selector de la forma de onda** que permite determinar si se trabajará con ondas cuadradas, senoidales o triangulares.

4. El **selector de frecuencia**, mediante el cual se ajusta la frecuencia que estará dentro del margen elegido (selector de banda). Dicha frecuencia es resultado del número que indique el selector de frecuencias

multiplicado por el límite inferior de la banda elegida en el selector de banda.

5. **El control de la amplitud** para aumentar o disminuir la amplitud de la onda. Para controlarla se puede conectar la salida a un osciloscopio, y hacer los ajustes con base en la imagen en pantalla.

6. **La terminal para señales TTL**, cuya salida permite contar con una señal de impulsos TTL para aplicarla a estos circuitos.

7. **La Terminal de salida**

¿Qué hacer para obtener una señal en el generador?

- Es muy importante no suministrar tensión alguna a las terminales de salida, de lo contrario podría dañarse el generador.

- Seleccionar la forma de amplitud de onda (3)

- Seleccionar la banda de frecuencias (2)

- Hacer los ajustes a la frecuencia (4)

- Hacer ajustes a la amplitud

PARA CONTEXTUALIZAR CON:

Realización del ejercicio

Competencia tecnológica

Utilizar equipos de medición y verificación

- Con el propósito de que vayas los conocimientos que te servirán como base para hacer el diagnóstico de fallas en componentes y equipos, plantea cómo utilizarías el osciloscopio y qué información podría aportarte si tuvieras que hacer la revisión de un equipo electrónico determinado.

- Selecciona un equipo que conozcas o que sobre el cual puedas tener información técnica como para proponer la estrategia de revisión y el tipo de datos que habría que reunir para hacer el

---

diagnóstico

- En tu descripción de la secuencia de actividades a realizar incluye las relativas a las medidas de seguridad que debes observar.

- Comparte tus resultados con tus compañeros y consulta las dudas que tengas con el PSP o algún otra persona experta en el manejo de este tipo de equipos

El calibrador de procesos

El calibrador de procesos es un instrumento de medición y verificación de parámetros eléctricos, cuyo uso se encuentra ampliamente difundido en el área de los sistemas productivos industriales.

El calibrador de procesos tiene una gran similitud física con otros instrumentos de medición de menor complejidad, como en el caso del multímetro; sin embargo, sus posibilidades de uso son mucho más amplias.

Las principales funciones de un calibrador de procesos son:

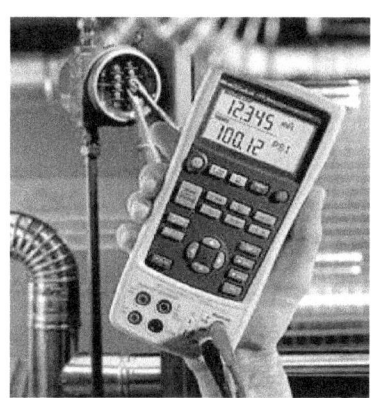

· Calibrar temperatura, presión, tensión, corriente, resistencia y frecuencia.

· Realizar mediciones y generar señales de prueba simultáneamente.

· Capturar automáticamente los resultados de la calibración.

· Documentar procesos y resultados según normas ISO 9000, EPA, FDA, OSHA y otros requisitos gubernamentales.

· Medir/simular tipos de termopares y tipos de RTD.

En las siguientes líneas, se aborda el uso del calibrador de procesos en sus dos modalidades principales: como instrumento de medición y como fuente de señales.

2.2.2 EL CALIBRADOR DE PROCESOS EN EL MODO MEDICIÓN

Para realizar correctamente cualquier medición, el instrumento debe ser puesto en ceros antes de iniciar las lecturas de los parámetros.

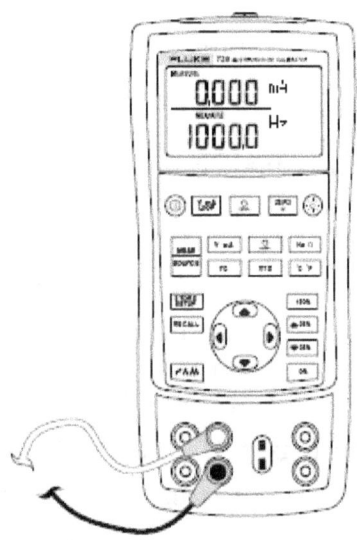

- Medición de parámetros eléctricos

<u>Medición del voltaje</u>

Para medir el voltaje presente en un componente, equipo o elemento electrónico, se procede de la siguiente manera.

- Se conectan los conductores en los conectores apropiados del calibrador.

- Se elige el modo Medición (*measure*) del calibrador. En la figura que aparece enseguida, la medición se realizaría en la parte inferior de la pantalla.

- Para medir la tensión, la corriente, la resistencia o la frecuencia se activa la opción elegida entre las que ofrezca el calibrador. En la figura se estaría midiendo la tensión.

- Se aplican las terminales de los conductores a los puntos donde se ha de realizar la medición, teniendo en cuenta las diferentes precauciones dadas para el manejo de un voltímetro (conexión en paralelo, elegir una escala mayor y reducirla hasta obtener una lectura, etc.).

- Se toma nota de los valores medidos en la pantalla del calibrador de procesos.

Medición de la corriente

Al medir la corriente, se procede de manera semejante a cuando se mide la tensión, pero seleccionando la opción correspondiente a esta variable.

Se aplican las terminales al equipo, componente o elemento del cual se quiere medir la corriente y se continúa con las actividades que se desarrollarían para medir la corriente con cualquier otro instrumento: conexión en serie, comenzar con una escala alta y reducirla gradualmente, etcétera.

Se toma nota de los valores registrados en la pantalla.

Medición de la resistencia y de la continuidad

Un calibrador de procesos puede funcionar como un ohmímetro para medir la resistencia. Así que para obtener el resultado bastará con elegir la opción, conectar ambas terminales al elemento o componente del cual nos interesa conocer su resistencia y una verificar en la pantalla cuál es el resultado.

Cuando el calibrador de procesos se utiliza para medir la resistencia, también permite medir la continuidad, pues la interpretación de los resultados se basa en los mismos principios que manejan otros instrumentos para medirla: si el valor que registra la resistencia es cercano a cero, eso significa que en el elemento que se está verificando hay continuidad. Por el contrario, si la resistencia tiende a valores infinitos, entonces no hay continuidad en el elemento.

Medición de la frecuencia

La frecuencia de la señal que circula por un conductor es una más de las variables que pueden medirse con el calibrador de procesos.

El procedimiento para hacerlo consiste en:

- Conectar el calibrador de la misma forma en que se describió para la mediciones anteriores

- Elegir la opción "frecuencia" y visualizarla en la pantalla para asegurarse que ha sido activada

- Aplicar las terminales a los polos del conductor, componente o circuito.

- Tomar nota del valor de la frecuencia que aparezca en la pantalla; la cifra debe estar expresada en Hertz (Hz)

Medición de presión

Si a un calibrador de procesos se le conecta un módulo adecuado para hacerlo, también puede medirse la presión absoluta y la presión diferencial.

Para medir el valor de la presión absoluta, se procede de la siguiente forma:

- Se conecta el módulo de presión al calibrador de manera firme.

Módulo de medición

- En el calibrador se escoge la opción que corresponde a la medición de presión

- Revisar cuál es el rango de medición del instrumento; por lo general, este rango lo fija el calibrador una vez que detecta el tipo de módulo que se le conectó.

- Ajustar el calibrador en puesta a cero.

  Para hacerlo, primero se fija el instrumento para medir una presión conocida –por ejemplo la presión barométrica– y una vez que se ha hecho el ajuste, se activa el botón que permite inicializar el calibrador en cero.

- De esta manera es posible medir el valor de la presión absoluta presente en algún proceso, comprobando con ello si los componentes encargados de realizarlo están actuando de manera correcta o si presentan fallas de calibración.

Medición de la presión diferencial

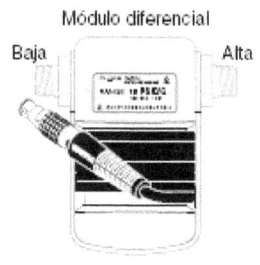

Módulo diferencial

Baja — Alta

La presión diferencial es la diferencia entre dos presiones. Para medir presiones con un calibrador de procesos también es necesario adaptar un módulo especial; en este caso, se le conoce como módulo diferencial y, una vez conectado al calibrador de procesos, permite medir la presión diferencial que resulta de comparar dos valores de presión distintos

Medición de vacío

El vacío es la diferencia de presiones entre la presión atmosférica existente y la presión absoluta, es decir, la presión de vacío es la presión medida por debajo de la presión atmosférica. Por lo tanto, medir la presión del vacío significa medir la presión diferencial del cero absoluto de presión respecto de la presión barométrica normal. Los módulos que pueden ser acoplados en un calibrador de procesos incluyen esta modalidad de medición de presión.

Los termopares y la medición de temperatura

Un termopar es un circuito formado por dos metales distintos en el cual se produce un voltaje siempre y cuando los metales se encuentren a temperaturas diferentes. Los distintos tipos de termopares se identifican con letras: E, J, K, T, B, R, S y C.

En electrónica, los termopares son ampliamente usados como sensores de temperatura. Son baratos, intercambiables, tienen conectores estándar y son capaces de medir un amplio rango de temperaturas. Su principal limitación es la inexactitud, ya que difícilmente puede registrar errores del sistema que sean inferiores a un grado centígrado.

I grupo de termopares conectados en serie recibe el nombre de termopila. Tanto los termopares como las termopilas son muy usados en aplicaciones de calefacción a gas.

Los calibradores de procesos permiten el uso de diferentes tipos de termopares, pero siempre cuidando una buena selección de los termopares para el caso concreto, es decir, asegurándose de que la temperatura a medir esté dentro del rango de temperaturas que puede soportar el termopar.

Funcionamiento

En 1822 el físico estoniano Thomas Seebeck descubrió accidentalmente que la unión entre dos metales generaba un voltaje y que su valor estaba en función de la temperatura. Los termopares funcionan bajo este principio, que también se conoce como efecto Seebeck.

Si bien casi cualquier cantidad de pares de metales puede servir para construir un termopar, lo más común es que se utilice un número predeterminado de ellos, debido a que los voltajes que producen son predecibles y ofrecen amplios gradientes de temperatura.

En la siguiente figura se muestra el diagrama de un termopar de tipo K, que es el más utilizado que produce 12,2mV a 300°C

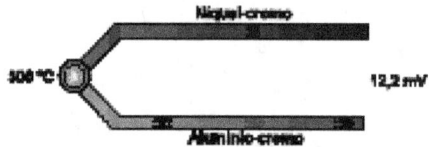

Tipos de termopares

- Tipo K Cromo (Ni–Cr) / Aluminio (aleación de Ni–Al)). Ofrece una amplia variedad de aplicaciones, está disponible a un bajo costo y en una variedad de sondas. Tienen un rango de temperatura de -200 °C a +1.200 °C y una sensibilidad 41µV/°C aprox.

- Tipo E . Están elaborados con Cromo/Constantán (aleación de Cu–Ni); no son magnéticos y gracias a su sensibilidad, son ideales para el uso en bajas temperaturas, en el ámbito criogénico. Tienen una sensibilidad de 68 µV/°C.

- Tipo J (Hierro / Constantán). Debido a su limitado rango, el tipo J es menos popular que el K, sin embargo este tipo de termopares son ideales para equipos ya viejos que no aceptan el uso de termopares más modernos. Manejan un rango de temperaturas de −40°C a +750°C.

- Tipo B (Platino (Pt)-Rodio (Rh)). Son adecuados para la medición de temperaturas superiores a 1,800 °C y, debido a su curva de temperatura/voltaje, por lo general presentan el mismo resultado a 0 °C y 42 °C.

- Tipo R (Platino (Pt)-Rodio (Rh)). Son adecuados para la medición de temperaturas de hasta 1.600 °C, pero su baja sensibilidad (10 µV/°C) y su elevado precio le restan atractivos.

- Tipo S (Hierro / Constantán). Como en el caso de los termopares tipo R, éstos también resultan ideales para medir temperatura altas de hasta 1, 600 °C pero presentan las mismas limitaciones: baja sensibilidad (10 µV/°C) y elevado precio.io lo convierten en un instrumento no adecuado para el uso general. Debido a su alta estabilidad, este tipo de termopares son utilizados para la

calibración universal del punto de fusión del oro (1064,43 °C).

- Tipo T (Cobre/Constantán). Este tipo de termopar es adecuado para mediciones que estén en el rango de −200 °C a 0 °C.

Cabe señalar que los termopares que tienen una baja sensibilidad, como en el caso de los tipos B, R y S, también presentan una resolución menor.

Para medir temperaturas utilizando un termopar, se procede de la siguiente manera:

- Se conectan los conductores del termopar al miniconector "macho" TC apropiado, y éste se conecta a la entrada/salida TC del calibrador, como se muestra en la figura.

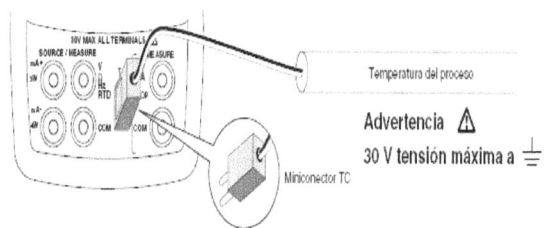

211

En el modo Medición *(Measure)*, se elige la modalidad TC para medición de temperatura.

Si se desea conmutar entre escalas de temperatura, es posible hacerlo con las opciones que proporciona el calibrador.

Los RTD'S Pt100, Pt200, Pt500, Ni120, Cu10.

Existen termopares que detectan la temperatura mediante las variaciones de una resistencia eléctrica; se les conoce como termopares RTD, por sus siglas en inglés (Resistance Temperature Detector). Dado que el material empleado con mayor frecuencia para esta finalidad es el platino, se habla a veces de PRT (Platinum Resistance Thermometer).

El símbolo general para estos dispositivos es el de la figura; la línea recta en diagonal sobre el resistor indica que varía de forma intrínseca lineal, y la anotación junto a dicha línea denota que la variación es debida a la temperatura y tiene coeficiente positivo.

En la siguiente tabla se enlistan las características de los principales RTD

Tipo de RTD	Punto fusión del hielo (R_s)	Material	α	Rango (°C)
Pt100 (3926)	100 Ω	Platino	0,003926 Ω/°C	-200 a 630
Pt100 (385)	100 Ω	Platino	0,00385 Ω/°C	-200 a 800
Ni120 (672)	120 Ω	Níquel	0,00672 Ω/°C	-80 a 260
Pt200 (385)	200 Ω	Platino	0,00385 Ω/°C	-200 a 630
Pt500 (385)	500 Ω	Platino	0,00385 Ω/°C	-200 a 630
Pt1000 (385)	1000 Ω	Platino	0,00385 Ω/°C	-200 a 630
Pt100 (3916)	100 Ω	Platino	0,003916 Ω/°C	-200 a 630

Medición de temperatura con RTD

En este tipo de medición de temperatura, es posible llevar a cabo la conexión del RTD hacia el calibrador con dos, tres y cuatro conectores, como se muestra en la siguiente figura:

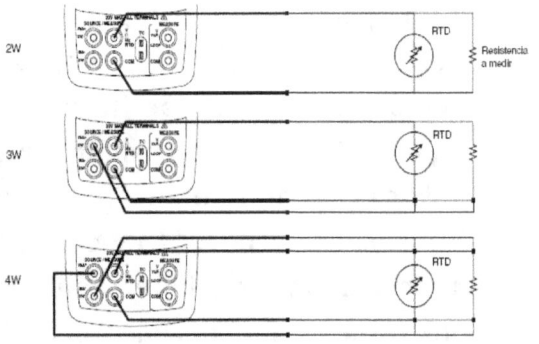

Los calibradores de procesos admiten el uso de una gran cantidad de RTD, aunque el de uso más común es el Pt100.

Para medir temperaturas utilizando una entrada de RTD, se procede de la siguiente manera:

- Se elige la modalidad "Medición"

- Se activa la opción de RTD, y después se elige el tipo de RTD que se va a utilizar.

- Se selecciona el tipo de conexión del RTD: 2, 3 ó 4 terminales.

- Por último, se conecta el RTD a las entradas del calibrador

- Si es necesario y el calibrador lo permite, los valores obtenidos pueden convertirse de una escala de temperatura a otra.

Medición en porcentaje de escala

Las mediciones lineales

Cuando un instrumento de medida registra valores provenientes de alguna magnitud física, es necesario cuantificar esos datos de forma numérica. Cuando la medición se lleva a cabo con una escala lineal, a un aumento en el valor de la magnitud física le corresponde también un aumento en el valor en la señal que la mide.

Esta escala se denomina lineal porque la forma en que la gráfica dibuja la función de variación de la magnitud, y que relaciona ambos valores, la magnitud en sí y la señal de salida, es de tipo lineal.

Por ejemplo, en un transductor de temperatura de termo-resistencia, la relación entre la resistencia y la temperatura está dada por la siguiente ecuación:

$$R_T = R_O(1 + \alpha\, T)$$

- Donde α es el coeficiente de temperatura del material

Por lo tanto, al graficar los valores de la temperatura que el transductor mide se puede observar la señal de salida correspondiente a la variación de la resistencia es lineal.

Diferencial.

Ciertamente, el valor de la magnitud cambia, y eso genera una respuesta del instrumento de manera que ese cambio sea medible.

Pero existen ciertos casos, como el de la medición de la presión, en los que un punto de referencia arbitrario es el punto de partida para cuantificar los valores que se están registrando. Por ejemplo, cuando un instrumento mide la presión, generalmente lo hace respecto de la presión barométrica, es decir, la presión a nivel del mar de la atmósfera (760 mmHg), y de ahí se deduce si el valor supera o es inferior a esa presión. Cualquier valor superior es positivo, y se cuantifica como tal. Cualquier valor inferior es negativo, y recibe el nombre de presión de vacío, por ser menor a la presión atmosférica.

Cuadrática

En ocasiones, la magnitud física que se mide provoca una variación de tipo exponencial cuadrática en cuanto a la respuesta del instrumento que la mide. Un caso claro de esto es el de los RTD's. La fórmula general que describe su funcionamiento se expresa de la siguiente forma:

$$R = R_0 \left[1 + AT + BT^2 - 100CT^3 + CT^4 \right]$$

Este efecto suele aproximarse a un sistema de primer o segundo orden para facilitar los cálculos. Su gráfica describe de forma regularmente lineal su comportamiento, aunque la magnitud de medida y la señal de salida se relacionen mediante este tipo de fórmula cuadrática.

2.2.3 CALIBRADOR DE PROCESOS EN EL MODO FUENTE

Cuando el calibrador de procesos se utiliza en el modo fuente, esto significa que generará señales calibradas mediante las cuales pueden probarse instrumentos, componentes y equipos.

Para usarse de esta manera, el calibrador de procesos puede suministrar tensiones, corrientes, frecuencias y resistencias; simular la señal eléctrica de salida de detectores de temperatura por RTD o termopar, y crear una fuente de presión calibrada que permite medir la presión de gas de una fuente externa.

- Simulación de parámetros eléctricos

El voltaje

Para usar el calibrador como fuente de voltaje se procede de la siguiente manera:

214

- Los conductores de prueba se conectan a las entradas fuente (source) del calibrador.

- En el calibrador se selecciona el modo de operación fuente (source)

- Se especifica la variable a evaluar, en este caso, la tensión.

- En los controles de posición se especifica el valor de salida que se desea.

- Por último, se aplican las terminales al instrumento o componente que se desea verificar.

La corriente

De manera muy semejante a la simulación de tensión o voltaje, también es posible simular una corriente eléctrica con el calibrador de procesos; para lograrlo

- Se conectan los conductores de prueba al calibrador

- Se especifica el tipo fuente (source) y la variable a evaluar (corriente)

- Se eligeel valor de salida que se desea

- Por último, se conectan las terminales de los conductores al componente o circuito que se desea evaluar.

La resistencia ,la continuidad y la frecuencia.

El procedimiento para simular y medir resistencia, continuidad y frecuencia con el calibrador es muy semejante al de las otras variables eléctricas.

Siempre se debe elegir el modo Source, conectar los conductores en el sitio adecuado, elegir la variable en el calibrador y verificar el instrumento o componente de acuerdo a los valores que se hayan elegido.

El calibrador como fuente de presión

Para la presión absoluta

El calibrador funciona como fuente de presión al medir la presión suministrada por una bomba u otro medio; su resultado se presenta en el campo source. Para hacerlo es necesario conectar el módulo de presión adecuado conforme a la presión del proceso a probar.

Para que el calibrador de procesos funcione como fuente de presión se procede como sigue:

- Una vez conectado el módulo de presión al calibrador, se elige la opción de presión en el calibrador.

- Poner a cero el módulo de presión, de acuerdo a las especificaciones que lo acompañan.

- Suministrar presión a la línea con la fuente de presión hasta el nivel deseado, de acuerdo con el valor presentado en la pantalla.

- Como en otros casos, si se desea y el calibrador lo permite, puede modificarse el tipo de unidades de medida a emplear.

Para la presión diferencial

El procedimiento sigue la misma lógica de la definición de la presión diferencial: una vez aplicada la fuente de presión en el calibrador, se compara con la presión externa, y la diferencia entre ambas constituye la presión diferencial

Para el vacío de presión

Como se mencionó párrafos antes, el vacío es la presión menor a la presión atmosférica. Si la fuente de presión es fijada a la presión barométrica, la presión del vacío será cualquiera menor a ésta, y por la tanto será también diferencial entre ambas presiones. Si la fuente de presión es fijada a menos de la presión atmosférica, entonces actuará como presión de vacío, y la presión entre ambas estará cuantificada por la presión diferencial entre sus valores.

La simulación de un transductor de temperatura

Simulación de Termopares

Para simular un termopar, se procede de la siguiente manera:

- Se conectan los conductores del termopar al miniconector macho TC apropiado, y después a la entrada/salida TC.

- Se activa el modo fuente (source).

- Se elige el modo TC y, si es necesario, también el tipo de termopar deseado.

– Se eligen los valores del termopar que se quieren.

– Se verifica el elemento de interés.

Para simular un RTD, se realizan la siguiente secuencia de actividades:

– Conectar el calibrador al instrumento de prueba.

– Elegir el modo fuente(*source*)

– Seleccionar la modalidad de RTD.

– Elegir el valor de la temperatura que se desea simular.

Fuente de porcentaje de escala

La escala lineal

Cuando se utiliza el calibrador de procesos en el modo fuente, el valor de salida del mismo se puede ajustar a 0 y 100%. De esta manera, es posible determinar el rango de valores que puede presentar. También, es preciso recordar que aquellas magnitudes que pueden generar una salida de respuesta lineal son representadas por una gráfica del mismo tipo. Conociendo esto, el técnico que lleva a cabo el diagnóstico puede analizar los

datos recogidos, y determinar con base en ellos el correcto funcionamiento del instrumento que se ha de diagnosticar. Un ejemplo en este sentido es la calibración de un trasmisor: una vez que se ha verificado el valor que muestra el calibrador se puede estabilizar el funcionamiento del transmisor.

La escala diferencial

Esta escala es aplicable a las magnitudes que se comparan con un punto arbitrario, no absoluto. Por lo tanto, para evaluar los datos que presenta el calibrador es indispensable tener en cuenta este tipo de magnitudes, y la correcta interpretación de los valores mostrados.

Este tipo de consideraciones son muy importantes para poder entender cuáles son las respuestas correctas de los diversos tipos de instrumentos.

La escala cuadrática

Al igual que en las demás escalas de porcentaje, la correcta interpretación de los datos en este tipo de escala es crucial para evaluar las condiciones de algún instrumento o equipo. De ser posible, se debe disponer de la función cuadrática que describa las magnitudes correspondientes, y saber interpretar los valores que resulten de la simulación de ese tipo de magnitudes por parte del calibrador de procesos.

PARA CONTEXTUALIZAR CON:

 *Competencia tecnológica*

Identificar los instrumentos de verificación electrónica y sus características

- Relee la sección dedicada al calibrador de procesos y elabora un cuadro en el que enlistes las distintas variables que pueden medirse con él.

- Para cada variable que mide el calibrador de procesos menciona qué otros instrumentos pueden usarse para obtener el mismo tipo de datos.

- Verifica que los instrumentos alternativos que propusiste realmente sirven para medir lo

que planteas. Para hacerlo, puedes recurrir a otras secciones de este manual, o consultar con el PSP.

- Elabora un cuadro similar pero referido a las posibilidades que ofrece calibrador cuando se usa como fuente, es decir, cuando se usa para simular parámetros eléctricos.

- Identifica para qué puede servir la simulación de los parámetros eléctricos, específicamente en el terreno del diagnóstico de fallas.

Investigación documental

 *Competencia de información*

Consultar en la Internet *información relativa a los instrumentos de verificación electrónica*

- Investiga en la Internet qué tipo calibradores de procesos hay en el mercado y cuál es su costo aproximado

- Investiga cuál es el costo

aproximado de los instrumentos de medición que pueden usarse por separado para poder cubrir las funciones del calibrador de procesos cuando funciona en el modo medición.

- Compara ambas informaciones y saca conclusiones respecto a las ventajas que ofrecen

RESULTADO DE APRENDIZAJE

Aplicar pruebas de operación a los equipos electrónicos para validar su funcionamiento mediante la documentación de los resultados obtenidos.

2.3.1 PRUEBAS GENERALES DE OPERACIÓN DE EQUIPOS ELECTRÓNICOS

Como se ha visto en temas anteriores, si no se contara con instrumentos de medición y verificación para hacer pruebas de funcionamiento a los equipos, sería prácticamente imposible proporcionar servicios técnicos y reparar la mayoría de los aparatos y dispositivos eléctricos y electrónicos.

En este sentido, la preparación de un profesional técnico debe incluir el dominio de las técnicas e instrumentos que le permitan hacer el diagnóstico de los equipos en tres rubros principales: su funcionamiento eléctrico, su comportamiento mecánico y sus parámetros eléctricos.

Con ese propósito, a lo largo del manual se han venido revisando los distintos instrumentos y equipos de medición y verificación, así como los conceptos implicados en los datos que arrojan.

Ahora corresponde abordar de manera más puntual cuáles con las pruebas típicas que deben llevarse a cabo y, un poco más adelante, presentar la manera en que se documentan sus resultados.

○   El funcionamiento eléctrico

Como se puede deducir de los temas

tratados a lo largo de este manual, los instrumentos de medición de variables eléctricas fundamentales, que además resultan indispensables en la labor del profesional técnico son el voltímetro, el amperímetro y el ohmímetro, o bien, el multímetro.

Desviación de lecturas nominales de parámetros eléctricos

Los parámetros nominales de operación de los equipos electrónicos son el punto de partida para indagar el funcionamiento de un componente: si la revisión reporta desviaciones que rebasan el rango de valores permitidos, esto es indicativo de que hay alguna falla en el equipo, la cual puede ser localizada mediante lecturas sucesivas.

Para localizar la falla debe seguirse un procedimiento mediante el cual se van descartando las distintas fuentes que pueden estar provocándola.

Para comenzar debe revisarse si la alimentación eléctrica se encuentra dentro de sus propios valores nominales: voltaje, corriente y fase; una vez que se ha comprobado que éstos son correctos, el siguiente paso es buscar en la fuente de alimentación.

De ahí en adelante, y a pesar de que las fallas se hacen evidentes por un mal funcionamiento, y posteriormente, por las desviaciones de los parámetros eléctricos, sus causas pueden ser muy variadas, por lo tanto, también pueden variar las pruebas para el diagnóstico.

- **Las pruebas mecánicas**

Pruebas de desgaste

Los equipos electrónicos suelen verse poco afectados por el desgaste, especialmente si carecen de elementos móviles y si se encuentran libres de rozamiento con otro tipo de equipos. Sin embargo, existen equipos e instrumentos que, por su funcionamiento, están expuestos al desgaste mecánico: los motores, los actuadores y los demás equipos de movimiento son los principales afectados.

Dado que existe una fricción derivada de su funcionamiento, siempre existe el riesgo de desgaste; una inspección visual siempre será la primera fuente de información sobre el grado de desgaste del equipo.

Cuando se habla de elementos primarios de medición, tales como los sensores y los transductores, la fricción generada entre ellos y el medio al que deben medir, también suele provocar un desgaste en sus piezas que se traduce en fallas al momento de registrar las variables que se están midiendo.

Para verificar si hay desgaste en los equipos y si ha ocasionado una falla, se debe hacer funcionar el equipo y mediante un calibrador de procesos comprobar el valor de las señales que entrega; la comparación entre esos datos y el valor nominal de operación, permite diagnosticar el tipo de fallo.

Siempre que sea posible, el componente que presente desgaste debe ser sustituido por uno en buen estado, y efectuar las pruebas de nuevo. Los valores que presente deben ser coincidentes con los valores correctos de operación. Si no es así, entonces se debe efectuar una segunda prueba, verificando el funcionamiento de todos los demás componentes, a excepción del elemento del que se sospeche que presenta la falla. Una segunda revisión permitirá localizar el componente que está fallando, y de hallarse que todos los componentes funcionan correctamente, entonces deduciremos que el elemento con falla es el que se verificó desde un principio.

Resistencia al movimiento y vibraciones

Al respecto, el interés central durante el diagnóstico de fallas consiste en identificar cuál es la amplitud de las vibraciones que fueron detectadas en el equipo, en identificar a qué se deben las vibraciones y, desde luego, corregirlas.

Entre las principales consecuencias de las vibraciones mecánicas de los equipos se encuentran el aumento de los esfuerzos y las tensiones, las pérdidas de energía, el desgaste de materiales, los daños por fatiga de los materiales y ruidos que además de ser molestos pueden ocasionar problemas de salud.

Parámetros de las vibraciones

Frecuencia: Es el tiempo necesario para completar un ciclo vibratorio. En los estudios de vibración se usan los ciclos por segundo o Hz (hertz).

Desplazamiento: Es la distancia total que describe el elemento vibrante, desde un extremo al otro de su movimiento.

Velocidad y Aceleración: Como valor relacional de los anteriores.

Dirección: Las vibraciones pueden producirse en 3 direcciones lineales y 3 rotacionales.

Tipos de vibraciones

Vibración libre: causada por un *sistema vibra* debido a una excitación instantánea.

Vibración forzada: causada por un *sistema vibra* debido a una excitación constante.

Causas de las vibraciones mecánicas

Vibración debida al desequilibrado (maquinaria rotativa).

Vibración debida a la falta de alineamiento (maquinaria rotativa)

Vibración debida a la excentricidad (maquinaria rotativa).

Vibración debida a la falla de rodamientos y cojinetes.

Vibración debida a problemas de engranajes y correas de transmisión (holguras, falta de lubricación, roces, etc).

Cuando se habla del diagnóstico de fallas en equipos electrónicos, es necesario hacer notar que son los mecanismos, y no los componentes electrónicos, los que generalmente padecen el estrés generado por vibraciones mecánicas indeseadas.

En este sentido, y no obstante que los equipos eléctricos de fuerza y potencia, tales como motores, generadores y actuadores han sido diseñados considerando la presencia de vibraciones, es muy probable que se vean afectados por ellas, e incluso si la magnitud de las vibraciones es considerable, muy probablemente originarán desperfectos irreversibles en el funcionamiento normal de los equipos. Esto puede ilustrarse mediante el siguiente ejemplo.

Un motor paso a paso, de corriente directa y bajo consumo de potencia, que está acoplado a una válvula, sufre alteraciones en su accionar debido a que en su entorno se genera una enorme cantidad de vibraciones mecánicas; concretamente, se produce una falla por excentricidad.

En este tipo de falla, el eje del rotor difiere de la línea geométrica del eje, provocando un funcionamiento anormal que acarrea problemas mecánicos al interior del motor que provocan una desestabilización del movimiento que debe realizar.

La vibración, por su naturaleza cíclica, conduce a que esta falla se repita y entre en un círculo vicioso que tarde o temprano conduce a una la falla total del motor.

Las vibraciones también pueden ser la causa se fallas importantes en los equipos electrónicos de precisión, al grado de que sean inoperantes. De ahí la importancia de cuidar que sensores, microscopios electrónicos, interferómetros, equipos láser, equipos de resonancia magnética nuclear, equipos médicos y científicos en general y muchos otros, se coloquen en sitios seguros y a prueba de vibraciones mecánicas.

Verificación de las vibraciones

Para verificar si los equipos eléctricos y electrónicos están fallando debido a vibraciones mecánicas es conveniente utilizar un vibrómetro que permita medir las vibraciones que presenta el equipo y compararlas con los parámetros aceptados para el mismo. Si los valores registrados son superiores a dichos parámetros, entonces se presume que hay una

En caso de que no se cuente con el vibrómetro, se debe recurrir al diagrama de los componentes que aparece en el manual del fabricante para poder desarmarlo correctamente y revisar si la falla se debe a una vibración mecánica. Para hacer el diagnóstico es necesario poner a trabajar el equipo, observarlo, y revisar los registros de fallas y mantenimiento del equipo en particular.

Durante la revisión es muy importante identificar correctamente cada uno de los componentes y tener muy claro cuál es su funcionamiento correcto, de tal manera que las desviaciones sean un indicador de falla.

Para ejemplificar este procedimiento, supóngase que después de revisar el equipo se deduce que las vibraciones de una válvula solenoide provocaron fallas en el accionar de un controlador eléctrico, ya que las vibraciones ocasionaron el desprendimiento de los conectores eléctricos que proveen de energía eléctrica al devanado principal de la válvula.

Lo que se hace entonces es retirar la válvula, acoplarla a una fuente de alimentación de prueba y ponerla a funcionar; como no se registra movimiento alguno se decide desarmarla para revisar qué pasa a su interior.

En efecto, al desarmarla se aprecia que los conectores están sueltos, y que eso ha provocado que la válvula sea inoperante; se procede a soldar o acoplar las terminales, de manera que queden firmemente sujetas a los contactos.

Como ilustra el ejemplo anterior, y aunque las vibraciones son capaces de separar elementos que están integrados, lo que ocurre generalmente es que los daños se presentan en los

elementos móviles que forman parte de los equipos.

Éste es el caso también de las cabezas de lectura de los discos rígidos, cuando las vibraciones desvían el cabezal de su posición correcta, y provocan errores en la lectura o en la escritura, y la consecuente pérdida de datos.

En virtud de que este tipo de vibraciones generalmente aparecen en entornos industriales donde predominan los equipos de potencia, la reubicación de los equipos electrónicos afectados es una alternativa práctica para evitar nuevas fallas, así como el uso de materiales que absorban las vibraciones y permitan que el equipo trabaje sin recibirlas.

PARA CONTEXTUALIZAR CON:

Realización del ejercicio

 *Competencia tecnológica*

Aplicar técnicas para la identificación de posibles causas de falla

- Elige un equipo electrónico que

muy probablemente tengas que diagnosticar cuando ejerzas como profesional técnico; revisa el manual del fabricante, específicamente los diagramas y las recomendaciones técnicas que pudieran hacerse en él respecto a las vibraciones.

- Identifica qué movimientos se llevan a cabo al interior del equipo durante su operación y qué componentes participan en ellos

- Imagina el contexto físico en el que opera por lo general ese equipo e identifica posibles fuentes de vibración que pudieran afectar su funcionamiento. Si piensas que es necesario considerar más de un contexto, entonces realiza el análisis para cada uno de ellos.

- Plantea qué tipo de fallas pudiera ocasionar cada fuente de vibración en el equipo y qué harías para localizarlas.

- Pruebas de verificación de las características eléctricas.

La operación

El primer paso lógico al diagnosticar fallas es verificar la operación del equipo; primeramente, se debe hacer funcionar "in situ", es decir, en el lugar donde generalmente opera y si se confirma que la falla está en el equipo, entonces se llevan a cabo las pruebas. Para llevarlas a cabo es conveniente separar el equipo del sistema al que pertenece.

Verificación de los parámetros eléctricos

Los valores del voltaje, la corriente y otro tipo de variables eléctricas sirven como indicadores del funcionamiento del equipo en general y apoyan en el diagnóstico de fallas. Asimismo, la temperatura puede ser un dato indirecto de falla, sobre todo cuando su valor está por encima de lo normal.

La verificación de estos parámetros requiere cumplir con dos condiciones: por un lado, contar con los instrumentos de medición adecuados y, por otro, conocer los valores con los que opera cada uno de los componentes y el equipo como un todo.

Como se ha planteado en secciones anteriores, para llevar a cabo un diagnóstico de fallas eficiente no basta con identificar qué parámetros se encuentran fuera de los valores establecidos, sino sobre todo, poder interpretarlos a la luz de lo que representan: corto circuito, circuito abierto, falta de continuidad, fuga de corriente, etcétera.

De ahí la importancia de que el profesional técnico domine los conceptos y principios de la electricidad y la electrónica y de que a lo largo de las actividades propuestas para el desarrollo de las competencias el estudiante regrese continuamente a releer las secciones en las que se trataron esos temas.

En ese mismo sentido, conviene reiterar la necesidad de que tengan presentes y apliquen las reglas de seguridad establecidas para manipular equipos eléctricos y electrónicos.

Alimentación de señales de entrada y salida

Alimentar señales en los equipos suele ser un método de diagnóstico muy eficaz, ya que permite comprobar situaciones tales como:

- *La presencia de continuidad*

  Si, al aplicar una señal de entrada, no se logra registrar señal de salida alguna, entonces está claro que algún componente está generando un circuito abierto.

  Por lo tanto, se debe comprobar el estado de funcionamiento de los componentes con un probador de continuidad, o en su caso con un ohmímetro, para verificar qué elemento es el que está fallando.

  Una vez identificado dicho componente, la falla puede diagnosticarse mediante la aplicación, por ejemplo, del método de puente: se colocan las terminales de un componente igual sobre las terminales del componente con falla, sin desmontar el primero. Si el equipo funciona de manera adecuada quiere decir que el componente original es inoperante, y que hay que sustituirlo.

▪ *Desviaciones en la señal*

Si se analiza la señal con un osciloscopio, se podrá comprobar si todos sus valores son correctos; como se ha dicho reiteradamente, la frecuencia, fase, tiempo, voltaje y forma de onda son datos que determinan el tipo de señal característico del equipo.

Alguna anomalía en cualquiera de estos valores significa la falla de algún o algunos elementos rectificadores, filtros o convertidores. Por lo tanto, estas características son muy útiles para entender qué puede estar ocurriendo cuando se produce un fallo que afecta directamente a la señal de salida.

En el caso de alimentar señales de salida para diagnosticar el fallo, es importante recordar que el proceso debe llevarse a cabo a partir de los componentes individuales y comenzar alimentando la señal de salida en el último componente o etapa y recibiéndola en las terminales de salida; de esta manera se determina qué componente está fallando.

Partir del final y avanzar hasta el inicio, es la secuencia más sencilla para identificar cuál es la pieza que está fallando.

2.3.2. DOCUMENTACIÓN DE RESULTADOS

El propósito de las pruebas generales de operación consiste en apoyar el diagnóstico de fallas en los equipos electrónicos, por eso, una vez que se hayan concluido dichas pruebas es indispensable documentar los resultados obtenidos.

Para hacerlo debe contarse con registros en los que se anoten tanto el tipo de fallas encontradas, como la información sobre los servicios de mantenimiento que se aplicaron al equipo; estos documentos permitirán conocer el comportamiento histórico del equipo y prever defectos futuros a partir del tipo de fallas que ha presentado y de la frecuencia con que han ocurrido.

Para documentar los resultados de las pruebas generales de operación de los equipos se utilizan principalmente dos tipos de formatos: los de registro y los de reporte

■ **Cómo son los formatos de registro**

Aunque la cantidad y estructura de estos formatos puede variar de una empresa a otra, por lo general se utilizan dos: la hoja de inspección y la bitácora de mantenimiento.

Su propósito es, como su nombre lo indica, anotar o registrar directamente la información relativa al estado que guardan los equipos y a las reparaciones que se les han hecho.

Las hojas de inspección

Este tipo de formatos están diseñados para registrar la información que resulta de la inspección o revisión de un equipo. Cada vez que se revisa un equipo, se debe llenar una hoja de inspección, de tal manera que le sirva al especialista como referencia para cualquier servicio de mantenimiento posterior.

Este formato incluye los siguientes datos:

– Fecha y hora en que se lleva a cabo la revisión.

– Área a la que pertenece el equipo que se va a inspeccionar.

– Datos de la persona que hace la revisión: nombre y puesto.

– Nombre del equipo que se inspeccionó

– Fallas que presentó el equipo durante la revisión y listado de las pruebas que se llevaron a cabo para verificar el funcionamiento del equipo

– Reparaciones que se necesitan o que se llevaron a cabo durante la revisión

– Firma del técnico que realizó la revisión/reparación

– Firma del responsable directo del equipo

Una vez que se haya revisado el equipo, habrá que elaborar la hoja de inspección correspondiente y después, vaciar los datos en formatos que sirven para registrar el historial de fallas del mismo, como es el caso de las bitácoras.

Las bitácoras

Las hojas de inspección deberán vaciarse en una bitácora, de tal manera que ahí pueda consultarse el historial de todas las fallas que han sido diagnosticadas en un equipo o conjunto de equipos.

Disponer de bitácoras anuales, por ciclo de vida útil del equipo o de acuerdo con otro criterio relevante, permite contar con información muy valiosa sobre el tipo de fallas que presenta el equipo, su frecuencia, la manera en que han sido resueltas y, sobre todo, para poder hacer un plan de mantenimiento que permita disminuir al mínimo en la incidencia de las fallas, y por consiguiente los problemas que las mismas originen en el equipo y en el proceso de trabajo en el que participa.

Una vez definido el criterio con base en el cual se integrará la bitácora, es importante asegurarse que sólo se incluyan los registros que le

corresponden, de tal manera que se evite saturarla con información improcedente y se facilite una búsqueda ordenada y eficiente de los datos.

Aunque en las empresas puede haber distintas bitácoras, las que son de interés para el tema que se aborda en este manual, son las bitácoras en las que se sólo se incluye información sobre el diagnóstico de fallas y las reparaciones que se han llevado a cabo en cada equipo.

La orden de servicio

Después de haber aplicado las pruebas de verificación del equipo, y una vez concluida la revisión del mismo, es probable que se requiera llevar a cabo alguna reparación adicional a las que pudieran haberse hecho durante la inspección misma. En esos casos, habrá que elaborar una orden de servicio.

La orden de servicio es un formato de reporte, ya que informa el resultado de un trabajo previo, es decir, de la revisión del equipo. Su propósito no sólo consiste en solicitar y justificar una reparación, sino también en aportar información útil para llevarla a cabo.

Los datos básicos en una orden de servicio son los siguientes:

- Nombre y localización del equipo a reparar

- Justificación de la solicitud: qué reparación se debe hacer y con base en qué datos se determinó que era necesaria

- la persona invitada para llevarlo a cabo y los datos del encargado o de la persona que la indique.

- Nombre y puesto de quien hace la solicitud

- Nombre y puesto de quien autoriza la reparación

Los datos que se incluyen en la orden de servicio deben ser precisos, ya que la orden implica la autorización para todas las acciones que se llevarán a cabo durante la revisión y reparación del equipo afectado. En este sentido, al establecerse que la orden de servicio es indispensable para llevar a cabo cualquier reparación del equipo, evita que se manipule cualquier equipo sin contar con la aprobación del área responsable, amén de que la orden de servicio facilita el acceso a las distintas áreas involucradas con la localización y reparación de las fallas.

El reporte de desviaciones

Una vez que se han llevado a cabo las pruebas necesarias para localizar la falla, y que ésta ha sido finalmente identificada, se debe elaborar un documento técnico en el que se especifiquen los resultados de las pruebas; dicho documento se conoce como reporte de desviaciones.

Este reporte incluye la información de cada una de las verificaciones que se han hecho al equipo, sus resultados y el diagnóstico correcto de las fallas halladas y sus datos pueden incluirse también en la bitácora, o simplemente anexar el formato a la hoja de inspección.

La información que ofrece el reporte de desviaciones puede analizarse con el propósito de identificar si existen fallas repetitivas en alguna parte del equipo y, por supuesto, también para identificar sus causas.

PARA CONTEXTUALIZAR CON:

Investigación documental

 *Competencia tecnológica*

Dominar el llenado de formatos para los reportes sobre las desviaciones de los equipos eléctricos

- *Busca en páginas de Internet ejemplos de hojas de inspección, bitácoras, hojas de inspección y registros de desviaciones de los equipos.*

- *Solicita en los talleres del plantel que te permitan sacar una fotocopia de los formatos que se utilizan para el registro de fallas y reparaciones.*

- *Agrúpalos de acuerdo con su función e identifica sus semejanzas y diferencias; plantea a qué crees que se deban.*

- *Elabora un listado con todos los datos que piden los formatos de acuerdo con su función y*

revísalos uno por uno para que identifiques si hay alguno(s) que no sepas a qué se refiere o que no supieras obtener en el caso de fueras el encargado de llenarlos.

- *Consulta con el PSP las dudas que tengas sobre el llenado de los formatos*

Trabajo en equipo

 *Competencia tecnológica:*

Dominar el llenado de formatos para los reportes sobre las desviaciones de los equipos eléctricos

- Elijan un sistema electrónico de complejidad intermedia con el que estén familiarizados o cuyo funcionamiento conozcan bien.

- Organicen el equipo de tal manera que trabajen como si fueran los encargados de la operación y mantenimiento de dicho sistema en una empresa

- Revisen los distintos tipos de formatos que se plantearon en esta sección del manual, así como los resultados de la investigación documental anterior de cada uno de los integrantes del equipo.

- Definan los formatos que debieran utilizar, qué información incluiría cada uno de ellos, cuál sería su función y quién(es) se encargaría de su llenado. No olviden que al tratarse de un sistema, deben considerarse también sus equipos y componentes.

- Elaboren un diagrama en el que establezcan la secuencia que debe seguir el llenado de los formatos que definieron para registrar las desviaciones de los equipos incluidos en el sistema electrónico con el que están trabajando.

- Hagan un ejercicio de simulación para que vayan cubriendo la secuencia de llenado de cada uno de los formatos conforme al diagrama anterior.

Esta simulación deben hacerla partiendo de la identificación de una o varias fallas en el sistema electrónico, y conforme avancen en el uso de los formatos deben ir llenándolos con información ficticia pero pertinente.

- Una vez que hayan concluido la secuencia, analícenla en equipo para que identifiquen las dificultades, errores u omisiones que cometieron a lo largo del proceso, así como las ventajas que tiene registrar la información sobre los fallos en los equipos.

- Si tienen algunas dudas consúltenlas con el PSP o con otro especialista, y hagan los ajustes que consideren convenientes tanto a los formatos como al diagrama con las relaciones entre ellos y con la secuencia en que se usan.

- Elaboren un documento en el que describan las actividades y resultados de este trabajo en equipo.

- Si es posible, reúnanse con los otros equipos para que comenten sus resultados.

PRÁCTICAS Y LISTAS DE COTEJO

Unidad de aprendizaje:	2

Práctica número:	6

Nombre de la práctica:	Diagnóstico de funcionamiento de equipo electrónico

Propósito de la práctica:	Al finalizar la práctica el alumno diagnosticará el funcionamiento general de un equipo electrónico apoyándose en la medición de sus principales parámetros de operación eléctrica

Escenario:	Laboratorio de electrónica.

Duración:	3 h

Materiales	Maquinaria y equipo	Herramienta

- Hojas blancas.
- Lápices.
- Juego de geometría.
- Manuales del fabricante correspondientes a los equipos seleccionados
- Diagramas de funcionamiento del equipo electrónico seleccionado.

- Multímetro digital.
- Wattímetro de CA.
- Cables bananos / caimán H
- Ohmímetro
- Voltímetro
- Amperímetro
- Osciloscopio.
- Fuente de alimentación de CD de 24 V.
- Equipo electrónico seleccionado para revisión.

- Juego de desarmadores de varias puntas.
- Pinzas de corte.
- Pinzas de punta.

Procedimiento

Verificar:

- Medidas generales de seguridad.

- Medidas personales de seguridad.

- Disponibilidad de materiales apropiados.

- Disponibilidad de herramientas y equipo apropiados.

- Limpieza del área de trabajo.

- Seguir las indicaciones de forma precisa.

Procedimiento.

1 Utilizar la ropa de trabajo adecuada.

2 Seguir las indicaciones de seguridad del lugar de trabajo.

3 Colocar el equipo en el área de trabajo.

4 Seleccionar las herramientas adecuadas para abrir el equipo electrónico.

5 Abrir el equipo electrónico.

6 Revisar el diagrama del equipo electrónico.

7 Localizar los diversos componentes en el equipo electrónico.

8 Copiar el diagrama en hojas blancas, resaltando los diversos componentes de acuerdo con su simbología y posición dentro del diagrama.

9 Conectar el equipo electrónico a la fuente de alimentación.

10 Medir los parámetros eléctricos que correspondan al tipo de componentes del equipo

11 Anotar los valores medidos de los componentes electrónicos.

12 Trazar un diagrama de ruta de señal del equipo electrónico.

13 Desconectar el equipo de la fuente de alimentación.

14 Inyectar una señal en el equipo, y analizar con el osciloscopio la señal de salida que muestra el equipo.

15 Anotar todas las observaciones correspondientes.

16 Armar el equipo electrónico.

17 Elaborar el reporte de la práctica.

18 Entregar el equipo y la herramienta utilizados.

19 Limpiar el área de trabajo.

Lista de cotejo de la práctica número 6:	Verificación de los parámetros de funcionamiento mediante el uso de los instrumentos de medición y verificación.

Nombre del alumno:	

Instrucciones:	A continuación se presentan los criterios que van a ser verificados en el desempeño del alumno mediante la observación del mismo. De la siguiente lista marque con una ✓ aquellas observaciones que hayan sido cumplidas por el alumno durante su desempeño.

Desarrollo	Sí	No	No Aplica
✚ Aplicó las medidas de seguridad e higiene.			
1 Utilizó la ropa de trabajo adecuada.			
2 Siguió las indicaciones de seguridad del lugar de trabajo.			
3 Colocó el equipo y las herramientas en la mesa de trabajo.			
4 Seleccionó la herramienta adecuada para abrir el equipo electrónico.			
5 Abrió el equipo electrónico.			
6 Revisó el diagrama del fabricante del equipo electrónico.			
7 Localizó los diversos componentes en el equipo electrónico.			
8 Copió el diagrama en hojas blancas.			
9 Conectó el equipo electrónico a la fuente de alimentación.			
10 Midió los diversos parámetros eléctricos de los componentes del equipo.			
11 Anotó los valores medidos en el diagrama elaborado.			
12 Trazó un diagrama de ruta de señal del equipo electrónico.			
13 Desconectó el equipo de la fuente de alimentación.			
14 Inyectó una señal en el equipo para verificar su funcionamiento.			
15 Revisó el tipo de señal de salida del equipo electrónico.			
16 Armó el equipo electrónico.			
17 Limpió el área de trabajo.			

Observaciones:	

PSP: _____

Hora de inicio:		Hora de término:		Evaluación:	

Unidad de aprendizaje:	2

Práctica número:	7

Nombre de la práctica:	Uso del calibrador de procesos.

Propósito de la práctica:	Al finalizar la práctica el alumno aprenderá a utilizar el calibrado de procesos para la medición y simulación de parámetros eléctricos, con aplicación en el diagnóstico de fallas en equipos electrónicos.

Escenario:	Laboratorio de electrónica.

Duración:	4 h

Materiales	Maquinaria y equipo	Herramienta
• Componentes electrónicos diversos (resistores, capacitores, diodos, transistores). • Cables de prueba. • Manual del calibrador de procesos. • Manual del equipo de prueba. • Manual del medidor de presión. • Manuales de especificaciones de los componentes seleccionados.	• Calibrador de procesos. • Placa de pruebas de componentes. • Fuente de alimentación. • Medidor de presión. • Equipo de prueba para el medidor de presión. • Termopar tipo K. • RTD Pt100. • Equipo de prueba para el termopar y para el RTD.	• Mesa de trabajo. • Herramienta especializada

Procedimiento

Verificar:

- Medidas generales de seguridad.
- Medidas personales de seguridad.
- Disponibilidad de materiales apropiados.
- Disponibilidad de herramientas y equipo apropiados.
- Limpieza del área de trabajo.
- Seguir las indicaciones de forma precisa.

1. Utilizar la ropa de trabajo adecuada.
2. Seguir las indicaciones de seguridad del lugar de trabajo.
3. Colocar el equipo y el material sobre la mesa de trabajo.
4. El PSP explicará el uso del calibrador de procesos.
5. Conectar la placa de pruebas para componentes electrónicos a la fuente de alimentación.
6. Usando la placa de pruebas para componentes electrónicos, verificar los siguientes valores con el calibrador de procesos:
   a) Medir el voltaje entre los polos de la placa.
   b) Medir la resistencia que presente el resistor seleccionado.
   c) Comprobar la continuidad en el resistor.
   d) Comprobar la continuidad en el capacitor seleccionado.
   e) Verificar el funcionamiento del diodo seleccionado.
   f) Comprobar el correcto funcionamiento del transistor seleccionado.
7. Anotar las observaciones realizadas.
8. Colocar el equipo de prueba del medidor de presión.
9. Conectar las terminales del medidor de presión en el calibrador de procesos.
10. Energizar el calibrador de procesos.
11. Aplicar pruebas de presión al medidor de presión.
12. Anotar los resultados obtenidos.
13. Colocar el equipo de prueba del termopar.
14. Conectar las terminales del termopar en el calibrador de procesos.
15. Registrar los valores medidos del termopar.
16. Conectar el RTD al calibrador de procesos.
17. Realizar pruebas de funcionamiento al RTD.
18. Anotar los valores medidos en el calibrador de procesos.
19. Entregar el equipo utilizado.
20. Elaborar un reporte de la práctica.
21. Limpiar el área de trabajo.

Lista de cotejo de la práctica número 7:	Uso del calibrador de procesos.

Nombre del alumno:	

Instrucciones:	A continuación se presentan los criterios que van a ser verificados en el desempeño del alumno mediante la observación del mismo. De la siguiente lista marque con una ✓ aquellas observaciones que hayan sido cumplidas por el alumno durante su desempeño.

Desarrollo	Sí	No	No Aplica
✚Aplicó las medidas de seguridad e higiene.			
1. Utilizó la ropa de trabajo adecuada.			
2. Siguió las indicaciones de seguridad del lugar de trabajo.			
3. Colocó el equipo en la mesa de trabajo.			
4. Verificó el funcionamiento del calibrador de procesos.			
5. Conectó la placa de pruebas a la fuente de alimentación.			
6. Midió el voltaje de la placa de pruebas.			
7. Comprobó la resistencia en el resistor seleccionado.			
8. Comprobó la continuidad del resistor seleccionado.			
9. Comprobó la continuidad del capacitor seleccionado.			
10. Comprobó el funcionamiento del diodo seleccionado.			

Desarrollo	Sí	No	No Aplica
11. Comprobó el funcionamiento del transistor seleccionado.			
12. Anotó los resultados obtenidos.			
13. Colocó el equipo de prueba del medidor de presión.			
14. Conectó el medidor de presión al calibrador de procesos.			
15. Aplicó pruebas al medidor de presión.			
16. Anotó los resultados de las pruebas al medidor de presión.			
17. Colocó el equipo de prueba del termopar y del RTD.			
18. Conectó el termopar al calibrador de procesos.			
19. Aplicó pruebas al termopar.			
20. Conectó el RTD al calibrador de procesos.			
21. Aplicó pruebas al RTD.			
22. Anotó los resultados que obtuvo.			
23. Entregó el equipo y herramienta utilizado.			
24. Elaboró el reporte de la práctica.			
25. Limpió el área de trabajo.			

Observaciones:

PSP: _____

Hora de inicio:		Hora de término:		Evaluación:	

243

RESUMEN DEL CAPÍTULO II

Seguramente, después de estudiar este segundo capítulo del Manual sabes que para poder entender cómo opera un componente, un equipo o un sistema electrónico particular, es necesario que dispongas de información específica sobre el caso, ya que dependiendo del fabricante o de la función específica que cumplan puede haber diferencias importantes que debes tomar en cuenta para realizar cualquier diagnóstico.

Una fuente clave para que conozcas esa información son las fichas técnicas y los manuales del fabricante. Aunque no en todos los casos se cuenta con ellos, es muy probable que cuando el sistema, equipo o componente implica un cierto nivel de complejidad sí existan. La ficha técnica ofrece información técnica general, en tanto que los manuales pueden ser de varios tipos dependiendo de su propósito: para la instalación, para la operación y para el mantenimiento.

Aunque los manuales y las fichas técnicas presentan la información más relevante para instalar, operar y dar mantenimiento al sistema, equipo o componente, para leerlos e interpretarlos se requiere dominar algunos conocimientos técnicos y científicos.

Uno de los más elementales es el relativo a los diagramas; por ello, en este capítulo se hizo una explicación de los diagramas esquemáticos, los de bloque, los de estado y los de conexiones. Otros conocimientos necesarios –por cierto muy importantes– tienen que ver con el significado de las variables eléctricas y la importancia de verificar sus valores; de ahí la recomendación hecha en el propio capítulo para que siempre que revises algún componente electrónico consideres la posibilidad de medir el voltaje, la corriente, la resistencia, la impedancia, la temperatura y, la forma, tiempo y frecuencia de las ondas, en caso de que cuentes con ese tipo de datos.

Sin duda, la medición de las variables eléctricas y del comportamiento de los equipos o componentes es un recurso fundamental para poder hacer un diagnóstico de fallas acertado y eficiente. Su valor en la práctica depende en buena medida de que las medidas sean correctas y para lograrlo se requiere que los equipos sean los adecuados, que estén calibrados y que se manejen bien.

Con el propósito de apoyar tu aprendizaje para el manejo de los instrumentos de medición y verificación electrónicos, a lo largo de este capítulo se hizo una descripción de la función, características y procedimientos para instalar y poner en operación los más importantes.

Aunque en el capítulo anterior ya se había hecho una caracterización de varios de ellos, en éste se ofreció información complementaria que es muy útil para cuando trabajes en el diagnóstico de fallas. Saber cómo usar el multímetro, los probadores de diodos, de transistores, de capacitares, los probadores de temperaturas; entender el procedimiento para usar el osciloscopio, desde el encendido, hasta la forma de ver las señales y

medir los valores de la corriente alterna, la continua o la frecuencia; poder utilizar un generador de funciones como herramienta para el diagnóstico; ser capaz de manejar las distintas posibilidades que ofrece un calibrador de procesos tanto en el modo medición como en el modo fuente, ya sea para simular parámetros eléctricos o un transductor de temperatura, o bien como fuente de presión.

Con esos instrumentos es posible hacer las pruebas generales de funcionamiento y verificación de los equipos; con el propósito de que aprendas cómo organizar su aplicación, en este capítulo se describieron las pruebas de funcionamiento eléctrico y mecánico que son más útiles para hacer el diagnóstico, destacando el análisis de las desviaciones de los parámetros nominales y las pruebas de desgaste de los equipos. Asimismo, en lo que respecta a las pruebas de verificación de la operación de los equipos y componentes, se reiteró la importancia de medir los parámetros eléctricos y el uso de la alimentación de señales de entrada y salida que permiten revisar, por ejemplo, si hay continuidad en los circuitos y si los valores son correctos.

La última parte de este segundo capítulo se dedicó a un tema no menos importante: la documentación de los resultados. Evidentemente, la pertinencia y la precisión de las pruebas y mediciones puede venirse abajo si no hay un registro en el que se concentren y con base en el cual puedan analizarse sistemáticamente.

En este sentido, el manual te presentó una descripción del propósito y contenido principal de las bitácoras, de las hojas de inspección, de las órdenes de servicio y de los reportes de desviaciones y te invitó a que los revisaras y propusieras formatos aplicables a situaciones particulares.

Así pues, al concluir este segundo capítulo estás en condiciones de utilizar las herramientas técnicas para hacer el diagnóstico de fallas, es decir, los manuales, los instrumentos y tus conocimientos sobre el sentido de los distintos indicadores del funcionamiento de los equipos y componentes electrónicos.

En el siguiente capítulo –último de este manual– el propósito es que retomes esos conocimientos y los integres en torno a las etapas típicas en un proceso de diagnóstico: la administrativa, la de verificación y la de dictaminación. Asimismo, que veas al reporte final del diagnóstico como una manera de formalizar las conclusiones de tu trabajo y como un principio que asegure la calidad con que lo realizas.

AUTOEVALUACIÓN DE CONOCIMIENTOS DEL CAPÍTULO 2

1. ¿Qué es un sistema electrónico?

2. ¿Qué es una ficha técnica?

3. ¿Qué tipo de manuales se incluyen en la documentación técnica de un equipo?

4. ¿Qué parámetros son determinantes en la operación de los equipos electrónicos?

5. ¿Qué tipo de magnitud eléctrica se mide con el voltímetro?

6. ¿Qué debe tenerse en cuenta al medir tensiones o corrientes con el multímetro, para evitar que éste se dañe?

7. ¿Qué tipo de magnitud eléctrica se mide con el ohmímetro?

8. Además de la resistencia, ¿qué otro tipo de comprobación puede realizarse con el ohmímetro?

9. ¿Qué característica comparten el osciloscopio, la punta lógica y el generador de funciones?

10. ¿Qué es el calibrador de procesos?

11. ¿Cuáles son las principales funciones de un calibrador de procesos?

12. ¿Qué modalidades de funcionamiento presenta el calibrador de procesos?

13. ¿Qué es un termopar, y qué función tiene en el campo de la electrónica?

14. ¿Qué es un RTD?

15. ¿De qué metal están hechos la mayoría de los termopares?

16. ¿Qué es una medición en escala lineal?

17. ¿Qué tipo de parámetros puede simular un calibrador de procesos?

18. ¿De qué manera debe ser conectado un voltímetro en el circuito de prueba?

19. ¿De qué manera debe ser conectado un amperímetro en el circuito de prueba?

20. Además de las causas eléctricas, ¿qué tipo de causas mecánicas pueden provocar que falle un equipo electrónico?

21. ¿Cómo pueden afectar las vibraciones el buen funcionamiento de los equipos electrónicos?

22. ¿Qué tipo documentación de registro debe ser utilizada en los servicios de diagnóstico de fallas?

RESPUESTAS A LA UATOEVALUACIÓN DEL CAPÍTULO 2

1. Cuando se habla de un sistema electrónico se hace referencia a un conjunto de equipos electrónicos que están relacionados para trabajar en un proceso común.

2. Es un documento informativo breve que acompaña a los sistemas electrónicos y que muestra información sobre la función del sistema y sobre la localización de los equipos dentro del mismo, así como de sus características de operación más importantes.

3. Manuales de instalación, de operación y de mantenimiento.

4. Corriente, voltaje, temperatura, tiempo de respuesta.

5. Tensión eléctrica.

6. No se deben medir tensiones o corrientes que excedan el límite máximo que soporta el instrumento. También es necesario elegir la escala de medición mayor e ir ajustando hasta encontrar los valores de la medición.

7. La resistencia eléctrica de los componentes.

8. Probar la continuidad, probar diodos, transistores y capacitores.

9. Los tres pueden actuar como fuente de señales para comprobar la existencia de continuidad en un circuito.

10. El calibrador de procesos es un instrumento de medición y verificación de parámetros eléctricos, cuyo uso se encuentra ampliamente difundido en el área de los sistemas productivos industriales.

11. Calibrar temperatura, presión, tensión, corriente, resistencia y frecuencia.

   • Realizar mediciones y generar señales de prueba simultáneamente.

   • Capturar automáticamente los resultados de la calibración.

• Documentar procesos y resultados según normas ISO 9000, EPA, FDA, OSHA y otros requisitos gubernamentales.

• Medir/simular tipos de termopares y tipos de RTD.

12 Modo Medición y Modo Fuente.

13. Un termopar es un circuito formado por dos metales distintos, en el cual se produce un voltaje siempre y cuando los metales se encuentren a temperaturas diferentes. En electrónica, los termopares son ampliamente usados como sensores de temperatura.

14. Son termopares que detectan la temperatura mediante las variaciones de una resistencia eléctrica, en vez de las variaciones en un voltaje.

15. Platino

16. En el caso de la medición en escala lineal, un aumento en el valor de la magnitud física representa un aumento en valor en la señal que representa la medición. De esta forma, la gráfica que dibuja la función de variación de la magnitud, y que relaciona ambos valores, la magnitud en sí y la señal de salida, es del tipo lineal.

17. Voltaje, corriente, resistencia, continuidad, frecuencia, etc.

18. En paralelo.

19. En serie.

20. Desgaste, vibraciones, fricción, etc.

21. Por desgaste, aumento de esfuerzos y tensiones, desbalance, desprendimiento de componentes, ruidos, fricción, etc.

22. Las hojas de inspección y las bitácoras de mantenimiento.

3

DIAGNÓSTICO DE FALLAS EN EQUIPOS ELECTRÓNICOS.

MAPA CURRICULAR DE LA UNIDAD DE APRENDIZAJE

Módulo

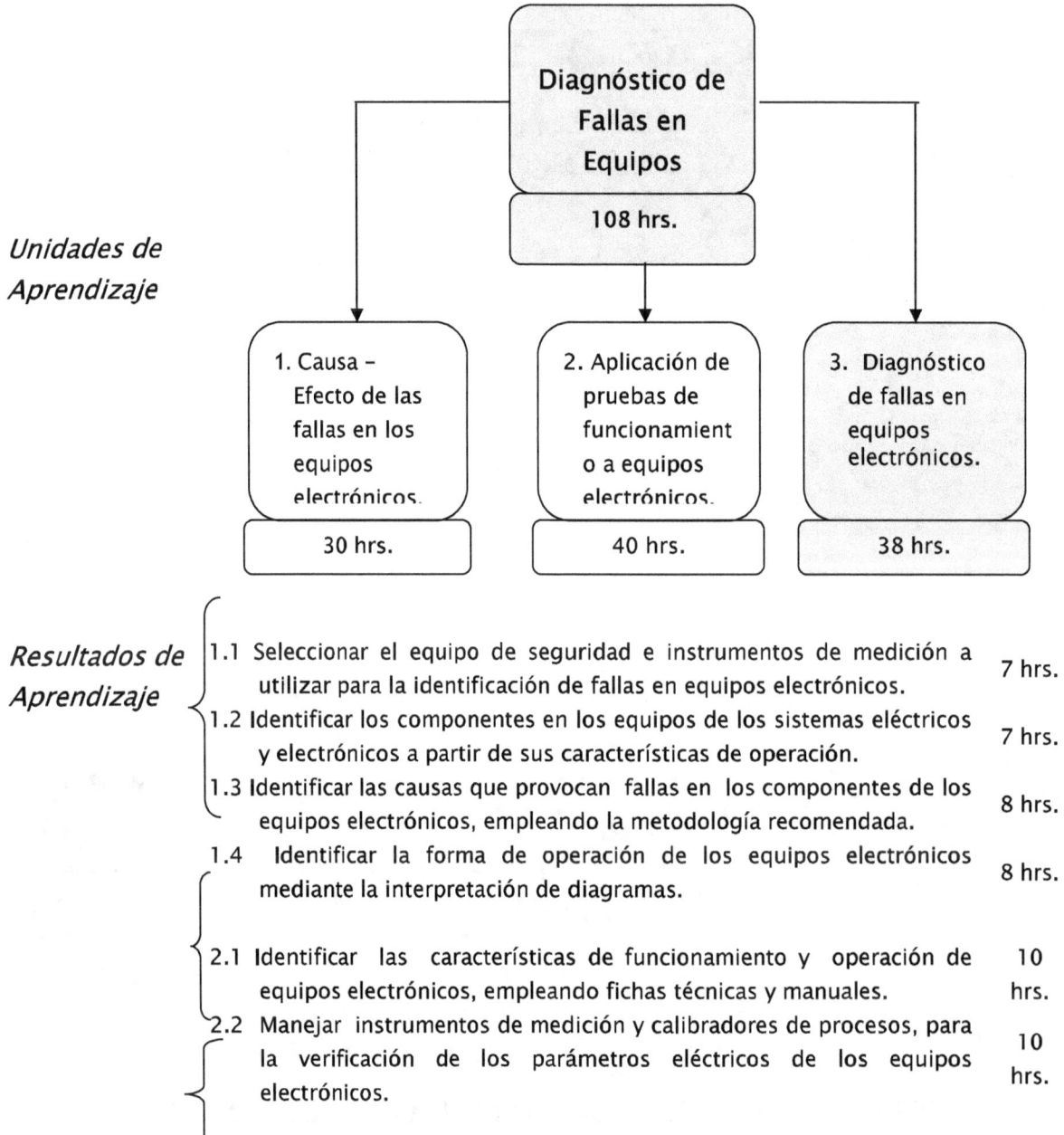

Unidades de
Aprendizaje

Diagnóstico de Fallas en Equipos

108 hrs.

1. Causa – Efecto de las fallas en los equipos electrónicos.

30 hrs.

2. Aplicación de pruebas de funcionamiento a equipos electrónicos.

40 hrs.

3. Diagnóstico de fallas en equipos electrónicos.

38 hrs.

Resultados de
Aprendizaje

1.1 Seleccionar el equipo de seguridad e instrumentos de medición a utilizar para la identificación de fallas en equipos electrónicos. — 7 hrs.

1.2 Identificar los componentes en los equipos de los sistemas eléctricos y electrónicos a partir de sus características de operación. — 7 hrs.

1.3 Identificar las causas que provocan fallas en los componentes de los equipos electrónicos, empleando la metodología recomendada. — 8 hrs.

1.4 Identificar la forma de operación de los equipos electrónicos mediante la interpretación de diagramas. — 8 hrs.

2.1 Identificar las características de funcionamiento y operación de equipos electrónicos, empleando fichas técnicas y manuales. — 10 hrs.

2.2 Manejar instrumentos de medición y calibradores de procesos, para la verificación de los parámetros eléctricos de los equipos electrónicos. — 10 hrs.

DIAGNÓSTICO DE FALLAS EN EQUIPOS ELECTRÓNICOS

2.3 Aplicar pruebas de operación a los equipos electrónicos para validad su funcionamiento mediante la documentación de los resultados obtenidos.

20 hrs.

3.1 Identificar las etapas del diagnostico de fallas a partir del análisis estructural de inspección de los equipos.

10 hrs.

3.2 Realizar el diagnóstico de fallas a equipos y sistemas electrónicos cumpliendo todas sus etapas.

28 hrs.

DIAGNÓSTICO DE FALLAS EN EQUIPOS ELECTRÓNICOS

SUMARIO

- ETAPA ADMINISTRATIVA

- ETAPA DE VERIFICACIÓN

- ETAPA DE DICTAMINACIÓN

- GENERACIÓN DEL REPORTE DE DIAGNÓSTICO

- DIAGNÓSTICO DE FALLAS EN FUENTES DE ALIMENTACIÓN

- DIAGNÓSTICO DE FALLAS EN LOS COMPONENTES MODULARES DE EQUIPOS

RESULTADO DE APRENDIZAJE

Identificar las etapas del diagnostico de fallas a partir del análisis estructural de inspección de los equipos.

El diagnóstico de fallas en equipos y sistemas electrónicos es una proceso que se desarrolla a lo largo de cuatro etapas: la etapa administrativa, la de verificación, la de dictaminación y, la dedicada a elaborar el reporte del diagnóstico.

Aunque la complejidad de cada una de ellas varía en función de la amplitud y complejidad de propio diagnóstico, es importante que el técnico profesional las aplique correctamente y, sobre todo, que las realice como un apoyo para hacer su trabajo de manera sistemática y con calidad.

A continuación se describe cada una de las 4 etapas, así como las actividades implicadas en cada una de ellas.

3.1.1 ETAPA ADMINISTRATIVA

En todas las organizaciones, empresas y dependencias, la constitución de niveles administrativos determina la estructura de mando de las mismas. Dicha estructura se basa en la división de áreas, cada una de las cuales desempeña sus funciones de manera relativamente independiente, aunque también se relacionan entre sí cuando necesitan información o servicios pertenecientes a otra área.

El área de mantenimiento es la encargada de conservar en condiciones óptimas de operación los equipos e instalaciones.

Para cumplir con sus funciones, el área de mantenimiento – o el encargado de mantenimiento, si se trata de una empresa menor– debe ser capaz de administrar el proceso que va desde la identificación de fallas hasta la solución de los problemas de operación y mantenimiento de los equipos, de tal manera que no sólo cuente con información sistemática sobre el estado de los equipos, sino que también maneje criterios claros y explícitos con base en los cuales tomar las decisiones.

Recepción de la solicitud de revisión de equipo.

Desde el punto de vista administrativo, el diagnóstico de fallas se inicia con la solicitud de revisión de un equipo. El área de mantenimiento puede solicitar la revisión de un equipo que esté presentando fallas o bien autorizar las solicitudes de revisión que proceden de otras áreas.

Una vez recibida la solicitud de revisión de equipo, los encargados de llevar a cabo la revisión en el área de mantenimiento, deben preparar la hoja de inspección correspondiente. Tal solicitud debe anexar el reporte de la falla y registrarse en el área de mantenimiento.

Dicha solicitud de revisión generalmente aporta la primera información para el diagnóstico, ya que en la solicitud se reportan las fallas con base en las cuales determinaron que el equipo presenta problemas de funcionamiento. Esos primeros datos permiten que el técnico seleccione qué tipo de servicio d diagnóstico conviene llevar a cabo, así como el tipo de herramientas que requiere para hacerlo.

La orden de servicio

Una vez recibida la solicitud de revisión de equipo, el área de mantenimiento emite una orden de servicio para que el personal técnico realice el servicio de diagnóstico de las fallas, y las reparaciones necesarias.

La orden de servicio debe incluir datos acerca del equipo de esta presentando las fallas, el departamento o área al que pertenecen y datos sobre las acciones que se llevarán a cabo para revisar los equipos defectuosos.

Esta fase administrativa es la que inicia el proceso formal de revisión y diagnóstico de fallas de los equipos electrónicos, ya sea que se trate de una empresa o simplemente de un taller de reparación abierto al público; en este último caso, la fase administrativa correspondería al reporte del cliente sobre las fallas que presenta el equipo y la autorización que da por escrito para que lo revisen y/o lo reparen

3.1.2 ETAPA DE VERIFICACIÓN

En esta etapa se inicia prácticamente la revisión del equipo, e incluye su inspección de manera visual y visual y la identificación del(os) componente(s) dañado(s).

La inspección visual

Después que se ha aislado la falla en un circuito, el primer paso para precisarla consiste en efectuar una inspección preliminar por medio de los sentidos, especialmente con la vista, el olfato, el oído y el tacto.

Por ejemplo, las resistencias quemadas o carbonizadas pueden encontrarse a menudo con una inspección visual o con el olfato. Este tipo de inspección también puede ser suficiente cuando se revisan componentes que contienen aceite o cera –condensadores, inductores o transformadores– ya que cuando se sobrecalientan, el aceite o la cera se dilata y por lo general gotean o hacen que el recipiente se hinche o estalle.

De manera similar, cuando cualquier componente sufre sobrecalentamiento, es muy fácil detectarlo por medio del tacto. El oído puede usarse para descubrir los arcos que se producen por el alto voltaje entre alambres, o entre alambres y el bastidor, ya que puede escucharse el "hervor" característico de los transformadores sobrecargados o recalentados, o el zumbido o falta de zumbido de los mismos, según sea el caso.

Aunque en este tipo de inspecciones pueden participar distintos sentidos, el procedimiento general se conoce como inspección visual.

Identificación de componentes dañados

Supóngase que después de la inspección visual se logró aislar el circuito en el que se encuentra la falla, procede entonces llevara a cabo las pruebas necesarias para localizar el componente defectuoso.

Una de las pruebas consiste en analizar si se registra señal de salida; si es así, identificar si la onda de salida presenta alguna distorsión o anormalidad y, en caso de que así sea, se debe analizar con más detalle qué características presenta. Al conocer su amplitud, duración, fase y forma, se pueden hacer deducciones válidas sobre la localización y el origen de la falla.

Otra prueba que conviene hacer para identificar las fallas se refiere a la medición del voltaje en los alambres de los componentes (transistores, etc.) y compararlas con valores considerados como normales en las tablas de voltaje respectivas. En las piezas en las que se sospechen fallas también es conveniente medir la resistencia o hacer una prueba de continuidad para determinar la resistencia de un punto a otro de la derivación sospechosa.

Por último, conviene señalar que rara vez se hacen pruebas con el amperímetro para detectar fallas, debido a que para conectarlo en serie

es necesario abrir el circuito. Así que si se requiere comprobar la corriente, puede hacerse una medición indirecta, es decir, medir primero el voltaje y la resistencia del circuito y con base en esos valores y en las ecuaciones aplicables, calcular valor de la corriente.

3.1.3 ETAPA DE DICTAMINACIÓN

Para dictaminar si un equipo presenta fallas y qué debe hacerse para corregirlas, deben llevarse a cabo una serie de actividades que incluyen: la verificación del funcionamiento del equipo, la selección de las herramientas y equipos para hacer las mediciones, la aplicación de las pruebas propiamente dicha y, por último, la detección de las fallas.

La verificación de funcionamiento

Todo equipo electrónico está diseñado para llevar a cabo una función o grupo de funciones de acuerdo con los requerimientos del usuario y del fabricante. Esos requerimientos establecen cierto tipo y nivel de funcionamiento que deberá obtenerse en todo tiempo. Sería imposible mantener el equipo en condiciones óptimas de funcionamiento si el técnico no supiera cuándo no está funcionando en forma apropiada.

Para dictaminar si el equipo funciona correctamente, es necesario:

a) *Ajustar todos los controles a sus condiciones normales de operación*

Se consideran controles de operación, todos aquéllos controles que deben manipularse para suministrar energía al equipo, para ajustar sus características de funcionamiento o para seleccionar determinado tipo de actuación del mismo; estos controles aparecen bajo la forma de interruptores y controles externos, es decir, que para usarlos no es necesario introducirse al interior de los equipos.

Aunque el técnico de mantenimiento no es el responsable de la operación del equipo en condiciones normales, es indudable que debe poder manejar esos controles de operación, tanto o mejor que el propio operador el equipo, de tal manera que esté en condiciones de identificar cuándo presentan algún problema.

b) *Registro de datos*

La valoración de los síntomas no puede llevarse a cabo debidamente, a menos que las exhibiciones observadas puedan valorarse completamente, lo que significa que hay que valorar las indicaciones relacionándolas entre sí, y también respecto al funcionamiento general del equipo.

La manera más sencilla de llevar a cabo esa valoración consiste en tener a la mano todos los datos de referencia y registrando toda la información a medida que se obtiene. El registro de los datos permite dar un espacio para analizarlos y plantear hipótesis, en lugar de hacer conclusiones apresuradas sin reparar suficientemente en lo que significa la información que se va obteniendo

Al hacer el registro de las mediciones también se favorece la comparación de estos datos con los que ofrece el manual del fabricante al nivel de detalle que se requiera.

Por último, el registro de todas las posiciones de control y la información asociada de los indicadores permitirán reproducir rápidamente la información y comprobar si es correcta, y también poner el equipo exactamente en la condición de operación que se quiera probar.

c) Valoración de los síntomas

La valoración de los síntomas es el procedimiento que consiste en obtener una descripción más detallada del síntoma, es decir, del efecto que tiene la falla. Esta valoración permite conocer de manera más puntual dichos síntomas y de esa forma lograr una apreciación más completa del problema.

d) Funcionamiento normal y anormal

Si se supone que el síntoma de un defecto no es sino un indicio de la descompostura o mal funcionamiento del equipo, es lógico suponer también que la contrastación del estado de funcionamiento actual con correspondiente al estado de funcionamiento normal constituye una vía para identificar los síntomas y los posibles defectos que los originan.

Selección de herramienta y equipo

Antes de llevar a cabo las pruebas es indispensable seleccionar y disponer de las herramientas y equipos necesarios; en este sentido, es recomendable asegurarse la disponibilidad de todas las herramientas y equipo que se utilizarán para hacer el conjunto de pruebas planeadas, y evitar de esta manera que la revisión se quede inclonclusa o se improvisen herramientas cuyos resultados pudieran no ser confiables, e incluso dañar el equipo.

A continuación se enlistan las herramientas y equipos que generalmente se requieren para dictaminar las fallas en equipos electrónicos:

Herramienta básica:

- Juego de desarmadores, de punta plana y de punta Phillips.

- Pinzas, alicates, pinzas especiales de corte.

- Juego de llaves (española, estrías, allen, según sea el caso).

- Equipo de soldadura p/componentes electrónicos.

- Cables, terminales estilo caimán.

- Cortador.

- Cinta para aislar.

Equipo básico:

- Multímetro, de preferencia digital.

- Punta lógica

- Secador de cabello o alguna fuente que genere calor

- Osciloscopio

- Generador de funciones,

Aunque ya se abordó en el primer capítulo de este manual, es conveniente reiterar que cuando se trabaja con equipos eléctricos y electrónicos, y sobre todo cuando se aplican pruebas de funcionamiento, es indispensable usar la ropa y equipos de seguridad adecuados, e incluso contar con equipo de protección para los propios equipos.

La aplicación de las pruebas

Las pruebas de detección de fallas más comunes y eficaces son las siguientes:

1. Mediciones del voltaje.

2. Mediciones del amperaje.

3. Mediciones de la resistencia.

4. La sustitución o cambio de repuestos.

5. Conexiones en puente.

6. La aplicación de calor.

7. La aplicación de enfriamiento.

8. La inyección o investigación de señales.

9. Los probadores de partes componentes, las lámparas de pruebas.

10. Soldar nuevamente, ajustar, etc.

11. Derivaciones.

Conviene señalar que algunas de estas pruebas, por ejemplo, la de sustitución, permiten al técnico ahorrar tiempo en el diagnóstico; en este caso, la técnica consiste simplemente en el cambio de una parte componente que se supone defectuosa por una parte de repuesto en buenas condiciones.

La técnica de conexión en puente también permite ahorrar tiempo; en ella lo que se hace es que si se supone que una parte componente tiene fallas -por lo general, un capacitor-, entonces se tiende una conexión desde el circuito, usando una parte componente en buenas condiciones, para así "saltar" la parte componente en la que presumiblemente está la falla.

La aplicación de calor es una técnica por medio de la cual el técnico puede identificar una parte componente térmica intermitente. Una parte componente que se calienta a intervalos se rompe bajo la acción del calor, por lo que al aplicar calor a esta pieza —por lo general con un soplador caliente—, se puede comprobar la calidad de la misma. No se debe aplicar demasiado calor pues podrían dañarse las piezas circundantes, particularmente las partes componentes de plástico.

La técnica de congelamiento es un recurso para restaurar temporalmente una parte componente a su operación normal. Recibe este nombre ya que se aplica aire frío procedente de un soplador o porque se utiliza un enfriador químico. Por medio de esta

técnica se enfría la parte componente que se supone térmica intermitente, y de esta manera se restablece temporalmente la operación normal de la pieza.

La inyección o investigación de señales se usa con más frecuencia en la reparación de aparatos radio receptores; la técnica consiste en aplicar una señal al interior del receptor defectuoso con el fin de localizar la etapa o paso específico en el que hay fallas.

Las operaciones de soldadura, de ajuste y de alineación también son técnicas útiles para la reparación de fallas que suelen aplicarse cuando hay sospecha de que parte del componente se ha roto o se encuentra en posición incorrecta. A una conexión eléctrica soldada deficientemente se le conoce como un empalme frío de soldadura.

Las derivaciones constituyen una técnica mediante la cual se desenchufa uno de los circuitos del equipo y, mediante el corte o desconexión de un transistor puede observarse el efecto que tiene en el funcionamiento total del circuito, de tal forma puedan localizarse las fallas.

Detección de las fallas

Medición de parámetros de funcionamiento

Si se ha determinado qué pruebas deben hacerse para diagnosticar las fallas y se cuenta con las herramientas y el equipo adecuados para hacerlo, entonces ya pueden hacerse las mediciones de los distintos parámetros eléctricos involucrados en cada componente.

Las mediciones deben ser registradas en la hoja de desviaciones y cotejarse con los valores nominales establecidos; las discrepancias entre ambos ayudan a identificar las fallas y a hacer el diagnóstico de las mismas. Si este tipo de registros se acumula a lo largo del tiempo, permite también apoyar los diagnósticos que se realicen a futuro.

3.1.4 GENERACIÓN DEL REPORTE DE DIAGNÓSTICO.

Esta es la etapa final del diagnóstico de fallas y, evidentemente, constituye el momento de cierre de todo el trabajo anterior; se trata de una etapa en la que se deben presentar las conclusiones del diagnóstico y, por tanto, plantearse de manera muy clara, con suficientes argumentos de apoyo y también ir más allá, es decir, planteando las recomendaciones que puedan hacerse sobre el equipo y su uso.

Igual que en las etapas anteriores, la amplitud y complejidad del reporte de diagnóstico está en función de las necesidades particulares y del tipo de equipos y fallas que se revisaron; lo importante es que aún cuando se trate de un diagnóstico sencillo, el profesional técnico lo entregue al cliente como una forma de mantener un alto nivel de calidad en su trabajo.

- Documentación del diagnóstico

La hoja de desviaciones que se elaboró al final de la etapa de dictaminación, forma parte del reporte de diagnóstico. Este último debe incluir, además, una explicación técnica sobre el tipo de falla(s) que se encontró(aron) y de las posibles causas que las originaron; asimismo, el reporte debe presentar las observaciones y recomendaciones que se consideren importantes respecto a las fallas detectadas y a las condiciones de operación del sistema.

Desde luego, y como se planteó en secciones anteriores de este mismo manual, el reporte constituye una de las formas de documentación del diagnóstico de fallas y su información está relacionada con otros formatos más.

PARA CONTEXTUALIZAR CON:

Redacción de trabajo

Competencia tecnológica

Identificas las etapas del proceso de diagnóstico de fallas

- Relee la sección del manual en la que se describe cada una de las 4 etapas del proceso de diagnóstico de fallas

- Elabora un diagrama en el que representes la secuencia de actividades de dicho proceso, así como las relaciones entre ellas

- Retoma de otras secciones de

---

este manual la información que consideres necesaria para complementar el diagrama y la explicación de los siguientes aspectos:

¿Cuál es el propósito de cada etapa?

¿Cuáles son los aspectos críticos en cada una de ellas y cómo asegurar que se lleven a cabo correctamente?

¿Podría haber variaciones en la secuencia de estas etapas o de las actividades? ¿Por qué?

Si se considera que podría haber variantes, ´¿cuáles serían y por qué?

- Presenta el diagrama y la explicación en un documento escrito

---

RESULTADO DE APRENDIZAJE

Realizar el diagnóstico de fallas a equipos y sistemas electrónicos cumpliendo todas sus etapas.

3.2.1 EL DIAGNÓSTICO DE FALLAS EN LAS FUENTES DE ALIMENTACIÓN.

A continuación se describen los elementos y características que deben ser revisadas en las fuentes de alimentación para hacer el diagnóstico de las fallas correspondientes.

Identificación de componentes analógicos y digitales.

En las fuentes de alimentación, por lo general, la entrada es una tensión alterna que proviene de la red eléctrica comercial, y la salida es una tensión continua con bajo nivel de rizado; en su interior hay varios tipos de componentes, los cuales pueden encontrarse en cualquiera de las siguientes etapas:

Transformación: En primer lugar el transformador adapta los niveles de tensión y proporciona aislamiento galvánico.

Rectificación: El circuito que convierte la corriente alterna en continua se llama rectificador, diodo rectificador.

Filtrado: Después suelen llevar un circuito que disminuye el rizado, como por ejemplo, un filtro de condensador[9]. El rizado, algunas veces llamado fluctuación o *ripple*, es la pequeña componente de corriente alterna que queda luego de rectificarse una señal. Este proceso de filtración se conoce en el medio como "filtrado".

Regulación: La regulación se consigue con un componente disipador regulable. La salida puede ser simplemente un condensador.

El siguiente diagrama muestra las distintas etapas implicadas en una fuente de alimentación.

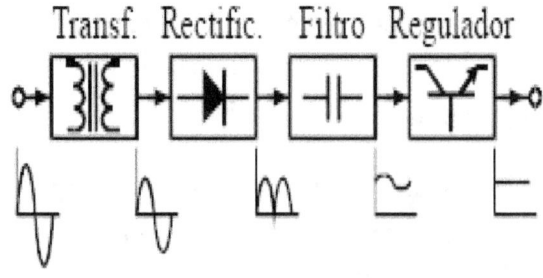

---

[9] Circuito eléctrico formado por la asociación de un diodo y un condensador destinado a filtrar, o aplanar, una señal eléctrica de corriente continua cuya tensión varía en el tiempo.

Ocasionalmente, las fuentes de alimentación incluyen también componentes digitales tales como *displays*, medidores digitales de voltaje o corriente y, circuitos integrados. Sin embargo, en su esquema general se componen de los elementos listados anteriormente.

PARA CONTEXTUALIZAR CON:

Comparación de resultados con tus compañeros

 *Competencia tecnológica*

Aplicar un procedimiento sistemático para identificar las fallas en las fuentes de alimentación y sus causas

- *Retoma el diagrama que aparece en la hoja anterior e interprétalo con base en la simbología que utiliza. Apóyate en los cuadros con la simbología que aparecen en el anexo de este manual.*

- *Redacta a manera de notas una explicación en la que integres tus conocimientos sobre las variables eléctricas, sobre el proceso por el que pasa la energía en una fuente de alimentación, así como de las relaciones entre las distintas etapas por las que pasa.*

- *Elabora un diagrama o una serie de recomendaciones en donde integres la secuencia de actividades que debes seguir siempre que hagas el diagnóstico de fallas en una fuente de alimentación.*

- Reúnete con 4 ó 5 compañeros y comparen sus recomendaciones; las diferencias que encuentren entre las de unos y otros, analícenlas a la luz de los argumentos que puedan dar.

- Si persisten algunas discrepancias o tienen dudas sobre sus productos, consulten con el PSP o con otro especialista.

Verificación de conectores y tomacorrientes

El primer paso en el diagnóstico de fallas en las fuentes de alimentación consiste en verificar el buen estado de los conectores o enchufes, y de los cables tomacorriente.

Los conectores no deben mostrar contactos metálicos doblados, aplastados o quemados y el aislamiento plástico debe estar en buen estado; si presenta alguna deformación significa que ha sido afectado por algún accidente térmico provocado por la electricidad, así que de ser posible debe cambiarse.

Respecto al tomacorriente, es necesario revisar en el aislamiento no haya aberturas que pudieran dejar al descubierto el conductor metálico, ya que esto conlleva el riesgo de que quien lo manipula sufra una descarga eléctrica.

El tomacorriente debe estar firmemente acoplado a la fuente del equipo al que pertenece: no debe mostrar cables o terminales sueltas, ya que pueden originar chispa eléctrica que puede ser muy peligrosa.

Aunque ya se ha mencionado en otras secciones del manual, es importante reiterar que siempre que sea posible debe trabajarse con el equipo desconectado de la corriente eléctrica; en caso de que las condiciones no lo permitan, entonces es obligatorio asegurarse de que ninguna parte del cuerpo esté en contacto con algún conductor de corriente dentro de la fuente.

En este mismo sentido, se debe evitar el uso de pulseras, collares y relojes metálicos ya que por el tipo de material de que están hechos pueden conducir la corriente y al entrar en contacto con elementos metálicos del equipo provocar el riesgo de una descarga eléctrica. que sea posible, debemos trabajar con el equipo desconectado e la corriente eléctrica.

El diagnóstico de la fuente

En consonancia con la descripción que se hizo párrafos atrás, el diagnóstico de la fuente debe hacerse considerando las distintas etapas implicadas en su función: la de transformación, la de rectificación, la de filtrado y la de regulación.

Esas etapas también corresponden a una secuencia en la revisión de la fuente de alimentación; de ahí que la ejecución de las actividades deba seguir el mismo orden. continuación se describe de manera general qué hay que hacer en cada una de ellas.

Etapa de transformación y reducción

Primeramente hay que verificar que el fusible del equipo presente continuidad; una simple inspección visual permite hacerlo.

Si el fusible se encuentra en buenas condiciones entonces hay que revisar la etapa de transformación y reducción; al hacerlo es muy importante tener cuidado con los voltajes y las corrientes que se manejen y usar el equipo de seguridad adecuado para este tipo de trabajo, así como observar las reglas de manejo de los componentes de potencia.

Cuando se verifica un transformador, se debe medir la tensión que presenta el arrollamiento secundario, en la modalidad de corriente alterna; si el valor medido es correcto para el tipo de fuente, entonces el fallo pudiese estar en otras etapas.

De lo contrario, el transformador está defectuoso, y debe ser reparado o sustituido.

Etapa de rectificación

Cuando existe valor de tensión en el secundario, y éste es normal, entonces puede haber falla en los diodos rectificadores, ya que la primera etapa -la de transformación- no se registraron problemas.

Si el valor de tensión continua es menor de lo esperado, entonces conviene analizar la señal con un osciloscopio, poniendo atención al rizado.

Una tensión de rizado pico a pico de aproximadamente el 10 % de la tensión ideal es razonable. Además, su frecuencia debe ser de 100 Hz para un rectificador de onda completa o para un puente rectificador. Si el rizado es de 50 Hz uno de los diodos puede estar abierto.

Etapa de filtrado

En el caso de la etapa de filtrado, el tipo de falla más común se presenta cuando el condensador del filtro está abierto. En este caso la tensión continua en la carga será pequeña, ya que la salida tendrá una señal de onda completa no filtrada.

Etapa de regulación

Cuando la etapa de regulación presenta fallas, la señal deja de estar dentro de los valores adecuados de tensión, y se muestra inestable porque su intensidad o voltaje no está regulado.

La manera más sencilla de verificar que la falla se localiza en esta etapa consiste en comprobar si los valores provenientes de la etapa anterior son correctos y, por lo tanto, la falla ocurre durante la fase de regulación.

Sintomatología de las fallas comunes en la fuente de alimentación

Las fallas comunes en las fuentes de alimentación se manifiestan en tres tipos de comportamientos:

a) La ausencia de voltaje de salida generalmente se relaciona con la falla en el fusible, o en el transformador.

b) El voltaje intermitente, que puede deberse a un falso contacto, o a algún componente en cortocircuito.

c) El sobre voltaje o bajo voltaje que generalmente están relacionados con fallas en la etapa de regulación: Los defectos en esta etapa explican por qué la tensión se encuentra fuera del rango de valores permitidos para el funcionamiento adecuado del equipo.

PARA CONTEXTUALIZAR CON:

Trabajo en equipo

Competencia tecnológica

Diagnosticar fallas en las fuentes de alimentación de equipos electrónicos

- Forma un equipo con otros 4 ó 5 compañeros y organícense para llevar a cabo este trabajo conforme a las siguientes indicaciones:

- Con el propósito de que hagan el diagnóstico de fallas de algunos equipos electrónicos, cada uno de los miembros del equipo deberá conseguir 3 equipos. Dependiendo de las condiciones, los equipos pudieran revisarse en un lugar predeterminado o hacerlo en el lugar en el que se están instalados normalmente.

- Antes de trabajar directamente con cada uno de los equipos, llenen los el reporte de fallas y la orden de servicio que corresponden a cada uno de los equipos y organicen la revisión con base en el tipo de herramientas que requieren, la complejidad de la revisión, el tiempo que requieren par hacerlo y el lugar en que lo llevarán a cabo.

- Una vez que hayan decidido cuándo, cómo y dónde llevarán a cabo la revisión, decidan qué responsabilidades tendrá cada integrante del equipo y prepárense para llevar a cabo el plan. Recuerden que deben incluir también formatos para el registro de datos de la medición y que deberán entregar un informe con el diagnóstico de

cada equipo.

- Durante el desarrollo de este trabajo, pongan especial atención a las condiciones en que se encuentran las fuentes de alimentación de los equipos y en el correcto diagnóstico de las fallas y causas que puedan identificar en dichas fuentes.

- Analicen al interior del equipo todo el trabajo que realizaron e identifiquen qué aspectos pueden mejorar, así como aquéllos que consideren que fueron muy bien cubiertos.

- Si tienen algunas dudas o comentarios busquen un espacio APRA el dia´logo con el PSP o con otro especialista.

3.2.2 DIAGNÓSTICO DE FALLAS EN COMPONENTES MODULARES DEL EQUIPO

- Diagnóstico de fallas en transductores y amplificadores.

Identificación del tipo de transductor y características de funcionamiento

¿Qué es un transductor?

En general, un transductor es un dispositivo que convierte una forma de energía en una señal eléctrica, como se muestra en la siguiente figura:

Un transductor eléctrico, en particular, convierte la magnitud de una variable física en una señal eléctrica proporcional; la relación entre la entrada y la salida del transductor debe ser conocida pues forma parte de la calibración del instrumento.

La clasificación de los Transductores

Los transductores pueden agruparse atendiendo dos criterios de clasificación principales: los principios en que basan su operación y el tipo de señal que manejan.

Por su principio de operación

De acuerdo con su funcionamiento, los transductores se pueden clasificar en analógicos y digitales. Los transductores analógicos pueden ser autogeneradores, o de parámetros variables, en tanto que los transductores digitales pueden ser de frecuencia variable o digitales propiamente dichos. Algunos ejemplos de cada una de estas clases de transductores son los siguientes:

Transductores Autogeneradores: termopares, acelerómetros y vibrómetros piezoeléctricos.

Transductores de Parámetros Variables: Potenciómetro, foto-resistencia, termómetro de resistencia de platino, anemómetro de alambre caliente.

Transductores de Frecuencia Variable: Alambre vibrante.

Transductores Digitales: Transductores codificadores de posición lineal o angular.

Por el tipo de señal

La señal eléctrica producida por un transductor puede ser analógica, discreta, o de impulsos. En muchos transductores, la naturaleza de las variables físicas se traduce en variaciones continuas de la señal de salida.

Por ejemplo, la salida de los transductores de presión, flujo, temperatura, etc, son señales analógicas continuas cuya magnitud es proporcional a la variable física.

La transmisión de esta señal hasta los elementos de acondicionamiento se hace con tensiones de 1 a 5 VDC, de 10 a 50 mVDC, o mediante el lazo de corriente de 4-20 mA. Las señales analógicas se almacenan en registros de 8 o 16 dígitos.

Algunas otras variables físicas representan estados: abierto/cerrado, encendido/apagado, estado AC/DC, Alto/Bajo Nivel, etc. que se pueden representar con variables discretas, es decir, con niveles fijos de amplitud. En este caso se utilizan voltajes de línea entre 0 y 24 VDC para indicar, por ejemplo, 0 V . Abierto, 24 V . Cerrado, o viceversa. Un dígito almacena una variable discreta.

Otras variables físicas representan estados cíclicos; por ejemplo, la velocidad en revoluciones por minuto de una turbina se puede transmitir

como una serie de impulsos cuya frecuencia es proporcional a la velocidad de la turbina. También se utilizan en los contadores de flujo.

PARA CONTEXTUALIZAR CON:

Consulta al PSP

Competencia tecnológica

Identificar las principales aplicaciones de componentes electrónicos

- Con base en la descripción de los distintos tipos de transductores que se hizo en los párrafos anteriores, plantea en qué tipo de equipos resultan útiles cada uno de ellos. Al menos identifica un equipo para cada tipo de transductor.

- Consulta con el PSP si la relación que hiciste es correcta y pídele que amplíe tus conocimientos al respecto.

Sintomatología de fallas comunes en los transductores

Los transductores tienen la particularidad de interactuar con dos tipos de fenómenos físicos: la magnitud física que van a medir y la señal eléctrica que producen a partir de ella. Sin embargo, dependiendo del lugar donde estén situados, o de la función a la que son sometidos, pueden sufrir daño físico que puede inutilizarlos.

Asimismo, los errores de calibración en su arquitectura interna derivarán en señales incorrectas, lo que puede afectar el funcionamiento de los sistemas que dependan de la información que el transductor les proporcione.

También puede darse el caso de que una variación brusca en la magnitud que está midiendo provoque una señal eléctrica de voltaje anormal, lo que puede dañar los componentes internos del equipo receptor de la señal.

- Diagnóstico de fallas en la transmisión y recepción de señales

Los circuitos de transmisión y recepción de señales

Como puede observarse en el diagrama que aparece en la siguiente hoja, un circuito de transmisión y recepción de señales está integrado por varios elementos, cada uno de los cuales tiene una función específica. A continuación se describe cada uno ellos y su función:

La *fuente* de la señal puede ser un micrófono, un dispositivo de medida de un dispositivo de monitorización, un teclado de ordenador, etc. La *salida* es una forma de onda normalmente eléctrica.

El *codificador de fuente* opera sobre una o más señales para producir una salida compatible con el canal de comunicación. Puede ser desde un filtro pasa-bajo en un sistema de transmisión analógico, hasta algo más complejo, como un convertidor que acepta señales analógicas y produce un tren periódico de símbolos de salida (0 ó 1 ó más). También puede incluir un multiplexor cuando se trata de comunicar señales de más de una fuente.

Los *mecanismos de encriptación* sirven para que la señal sólo pueda ser entendida por el receptor.

En los sistemas analógicos la seguridad la proporcionan los sistemas SCRAMBLING, como la televisión privada o telefonía privada.

El *codificador del canal* ofrece una seguridad diferente. Aumenta la eficiencia y/o decrementa los efectos de los errores de transmisión.

Para disminuir los errores en los sistemas analógicos se puede distorsionar la señal para hacerla menos sensible a los ruidos sensibles a la frecuencia (sistemas Dolby).

En los sistemas digitales se usa la corrección hacia delante, es decir, la que permite hacer la corrección sin que el receptor tenga que pedir información adicional.

La *salida* puede ser una señal analógica o digital, en tanto que el *modulador* genera una onda analógica que se transmite.

El *Spread-spectrum* produce inmunidad a ciertos efectos de frecuencia selectiva tales como las interferencias y la atenuación.

La señal se expande sobre un amplio rango de frecuencias, de tal forma que las interferencias de tono único afectan sólo a una pequeña parte de la señal.

Entre las ventajas que ofrece este mecanismo cabe señalar la *compartición* del canal e inmunidad a las escuchas, ya que se puede llegar a confundir con el ruido de un sistema de banda ancha.

En el receptor aparece el *sincronizador de símbolos* que sólo es necesario en los sistemas digitales. Se trata de obtener la señal digital a partir de la analógica.

PARA CONTEXTUALIZAR CON:

Realización del ejercicio

Competencia tecnológica

Identificación de los tipos y características de los componentes y equipos electrónicos

---

- Selecciona 2 equipos de recepción y transmisión de señales con los que estés familiarizado y asegúrate de contar con sus fichas técnicas y los manuales de los fabricantes.

- Analiza detalladamente el circuito que se expuso en la unidad anterior e identifica cada una de sus parte en el diagrama correspondiente a cada uno de los dos equipos.

- Redacta para cada caso concreto la interpretación de lo que ocurre en el circuito desde que recibe la señal hasta que la transmite.

- Incluye también la descripción del proceso de acoplamiento de las señales que se hace en cada caso

- Si tienes dudas, consulta con el PSP o con algún otro especialista

Características de funcionamiento de los circuitos generadores y receptores de señales

El acoplamiento de la señal

En general, la señal eléctrica de salida de las diferentes fuentes no puede ser procesada directamente debido a que tienen un alto contenido de ruido, a que las impedancias no están adaptadas, a que sus niveles de amplitud son demasiado altos o demasiado bajos o, simplemente, a que no son compatibles con el resto del sistema.

A eso se debe que en dichas señales haya que hacer ajustes en su ancho de banda, su nivel de amplitud, su impedancia y en el nivel de ruido antes de llevar a cabo el proceso de digitalización y codificación.

Para llevara a cabo el acondicionamiento de una señal, es necesario completar algunos o todos los siguientes pasos, dependiendo del caso de que se trate.

La operación de filtrado

El proceso de filtrado tiene varios objetivos: eliminar o disminuir el ruido y las componentes de frecuencia superfluas, adaptar las impedancias y, amplificar o atenuar.

Las señales eléctricas analógicas provenientes de procesos físicos generalmente son de frecuencias bajas y el ruido que se introduce contiene una gran cantidad de componentes de frecuencia que pueden llegar a alterar significativamente la señal útil.

Como el amplificador se diseña para dejar pasar solamente la gama de frecuencias de la señal útil, a la salida del amplificador la señal quedará limpia de la mayor parte del ruido, y la relación S/N habrá aumentado significativamente.

En este sentido, el amplificador debe diseñarse con un ancho de banda compatible con el ancho de banda de la señal útil; asimismo, las impedancias de entrada y salida del amplificador deben estar acopladas.

Esto quiere decir que la impedancia de entrada del amplificador debe ser igual a la impedancia de salida del transductor, y la impedancia de salida del amplificador debe ser igual a la impedancia de entrada del circuito siguiente.

Por otro lado, la ganancia del amplificador debe ser ajustada de modo que el nivel de amplitud de su señal de salida sea compatible con los niveles de amplitud de los circuitos que siguen.

El aislamiento

Otra función del acondicionamiento de las señales consiste en aislar las señales de salida de las fuentes respecto a otras señales que estén presentes: voltajes de alimentación, relojes, etc.

También puede darse el caso de que el propio sistema contenga también transientes de alto voltaje que pueden enmascarar las señales útiles y dañar al controlador o computador.

Una razón adicional para el aislamiento de las señales es la de asegurarse de que los circuitos de adquisición no sean afectados por diferencias de potencial de tierra o voltajes en modo común.

Cuando las entradas a la tarjeta de adquisición están referidas a una tierra común, pueden generarse problemas debidos a una diferencia de potencial en las dos tierras: la de salida de la

DIAGNÓSTICO DE FALLAS EN EQUIPOS ELECTRÓNICOS

fuente de señal y la de entrada a la tarjeta de adquisición.

Esta diferencia de potencial puede producir lo que generalmente se conoce como un "lazo de tierra", el cual puede producir representaciones inexactas de la señal adquirida o dañar al sistema de medición mismo.

En la práctica los módulos de adquisición utilizados proveen un aislamiento a que puede rechazar voltajes hasta de 240 VAC efectivos en modo común. En general, se utilizan circuitos de interfaz balanceados.

La regeneración

Cuando una señal digital se transmite por un canal, experimenta variaciones debidas al ruido y a la interferencia que se presentan durante la trayectoria.

Estas perturbaciones distorsionan la señal de tal manera que es casi imposible diferenciar si se transmitió un CERO o un UNO.

Para contrarrestar este efecto, la primera operación que se hace sobre la señal en el extremo receptor es una operación de regeneración; esto es,

una operación de limpieza –filtrado, ecualización y restauración– y resincronización.

Cuando la distancia transmisor-receptor es muy grande, es necesario colocar repetidoras entre el transmisor y el receptor.

En este caso en las repetidoras se efectúa también la operación de regeneración.

La señal que llega distorsionada y plagada de ruido pasa por un amplificador ecualizador y restaurador el cual se encarga de aumentar el nivel de la señal y de restablecer el ancho de banda original de los impulsos que han sufrido retardo de tiempo.

Después de la restauración, la señal es muestreada y presentada a un comparador que decide si se transmitió un UNO o un CERO. Si la señal Vo = U (umbral de comparación), el comparador produce un UNO; si la señal Vo < U, el comparador produce un CERO.

La sintomatología de fallas comunes en la transmisión y recepción de señales

Las principales fallas relacionadas con este tipo de componentes se presentan en los circuitos de transmisión, en la línea o medio de transmisión, y en el circuito de recepción.

Por ejemplo, una falla en el circuito de transmisión provocará la ausencia de señales; sin embargo, una prueba directa sobre él nos mostrará qué parte está fallando.

De igual manera, la presencia de ruido puede deberse a un fallo en este circuito, así como a defectos en la línea de transmisión.

Cuando se habla de la línea o medio de transmisión también debemos verificar que se encuentre en buen estado y correctamente acoplada a las terminales de comunicación del equipo, ya que una línea deficiente puede originar la presencia de ruido en la señal, así como la ausencia total de la misma.

En el lado del receptor, los componentes en mal estado no serán capaces de registrar señales de entrada, o lo harán deficientemente.

Por eso es necesario efectuar pruebas de diagnóstico específicamente sobre ellos, para poder encontrara el componente que está presentando el fallo.

PARA CONTEXTUALIZAR CON:

Redacción de trabajo

Competencia tecnológica

Diagnosticar fallas en equipos electrónicos

- Selecciona un equipo electrónico que se use de manera generalizada ya sea en las empresas o a nivel doméstico, y cuya complejidad sea de nivel intermedio. Si pudieras disponer de un caso de mantenimiento correctivo real, sería mucho mejor, pero si no es posible, entonces con base en tu experiencia, redacta tú mismo cuáles pudieran ser los síntomas principales.

- Planea cómo llevar a cabo el

diagnóstico de los fallos y las recomendaciones para corregirlos, pero haciéndolo de tal manera que simules todo el proceso, tanto a nivel práctico como de la documentación.

- Es importante que escribas tus hipótesis sobre las posibles causas, de tal manera que esto te ayude a identificar en qué basas tus decisiones y qué información puede estar faltando.

- Echa mano de todo lo que has aprendido a lo largo del curso y plantéate este ejercicio como una posibilidad de simular lo que puedes hacer en el campo profesional.

- Pide al PSP o algún especialista externo que revise y comente contigo tu propuesta, analiza y discute con ellos las observaciones que te hagan y retoma lo que pueda servirte para mejorar tu preparación.

Trabajo en equipo

Competencia emprendedora

Plantear iniciativas para desarrollar actividades profesionales

- Con el propósito de que te plantees cómo aprovechar los conocimientos y habilidades que lograste desarrollar a lo largo de este curso, reúnete con 4 ó 5 de tus compañeros para que integren un equipo de trabajo.

- Su tarea consiste en proponer cómo pueden aprovechar sus conocimientos sobre el diagnóstico de fallas en equipos electrónicos para trabajar y obtener algunos ingresos.

- La propuesta debe partir de la identificación de necesidades reales a las cuales atenderían ustedes y debe considerar tanto las necesidades de inversión como el cálculo de los gastos y las ganancias que implicaría el negocio.

- Desde luego, se trata de un

ejercicio en el que la creatividad y el conocimiento de su entorno deben desplegarse tan ampliamente como sea posible.

- Presenten su propuesta en el grupo y argumenten cuáles son las premisas y datos de los que parte.

- Compárenla con la de otros compañeros y si es posible organicen una reunión en el plantel para que intercambien ideas con otros estudiantes y profesores.

PRÁCTICAS Y LISTAS DE COTEJO

Unidad de aprendizaje:	3

Práctica número:	8

Nombre de la práctica:	Documentación de un caso de falla.

Propósito de la práctica:	Al finalizar la práctica el alumno diagnosticará un caso de falla presente en un equipo electrónico, cumpliendo con todas sus etapas y elaborando la documentación correspondiente al caso.

Escenario:	Laboratorio de electrónica.

Duración:	4 h

Materiales	Maquinaria y equipo	Herramienta

- Manual de operación del equipo electrónico bajo prueba.
- Diagramas de operación del equipo electrónico bajo prueba.
- Bitácora de mantenimiento.
- Hojas de inspección.
- Componentes varios en buen estado.

- Multímetro digital.
- Osciloscopio.
- Inyector de señal.
- Sonda lógica.
- Estaño.
- Analizador lógico de varias frecuencias.
- Generador de funciones.
- Secador para cabello.
- Enfriador químico.
- Equipo electrónico con falla.
- Pulsera antiestática.

- Pinza de corte.
- Pinza pelacable.
- Pinza de punta.
- Cautín.
- Desoldador.
- Punzón.
- Llave ajustable.
- Desarmador de paleta.
- Desarmador de cruz.
- Juego de llaves españolas.
- Juego de llaves allen.

Procedimiento

Verificar:

- Medidas generales de seguridad.

- Medidas personales de seguridad.

- Disponibilidad de materiales apropiados.

- Disponibilidad de herramientas y equipo apropiados.

- Limpieza del área de trabajo.

- Seguir las indicaciones de forma precisa.

Procedimiento:

1 Vestir la ropa de trabajo adecuada.

2 Seguir las indicaciones de seguridad del lugar de trabajo.

3 Colocar sobre la mesa de trabajo el equipo y la herramienta que indique el PSP

4 En la hoja de inspección correspondiente, anotar el tipo de equipo que se va a revisar, y la falla que presente su funcionamiento.

5 Utilizando la herramienta adecuada, abrir el equipo.

6 Conectar el equipo a la fuente de alimentación.

7 Localizar en el diagrama del equipo los componentes y sus valores nominales.

8 Verificar cada uno de los componentes mediante la medición de sus variables eléctricas.

9 Localizar el componente que presente la falla.

10 Registrar los valores eléctricos que muestra en su funcionamiento.

11 Utilizar pulsera antiestática en caso de manipular circuitos CMOS

12 Aplicar pruebas de diagnóstico de fallas al componente, y anotar los cambios que se observen en el funcionamiento del equipo.

13 Una vez comprobado el componente con falla, sustituirlo y medir los valores que registra.

14 Anotar en la hoja de inspección el tipo de componente que presentó la falla, el tipo de falla localizado, especificando sus valores antes y después de la sustitución, y el procedimiento que se siguió para reparar la falla.

15 En caso de haber más componentes con falla, repetir los pasos anteriores.

16 Verificar el funcionamiento general del equipo una vez terminado la revisión del mismo.

17 Anotar todas las revisiones y observaciones en la hoja de inspección.

18 Anotar en la bitácora de mantenimiento, los datos de la hoja de inspección.

19 Entregar el equipo y la herramienta utilizados.

20 Elaborar un reporte de la práctica.

21 Limpiar el área de trabajo.

Lista de cotejo de la práctica número 8:	Documentación de un caso de falla.

Nombre del alumno:	

Instrucciones:	A continuación se presentan los criterios que van a ser verificados en el desempeño del alumno mediante la observación del mismo. De la siguiente lista marque con una ✓ aquellas observaciones que hayan sido cumplidas por el alumno durante su desempeño.

Desarrollo	Sí	No	No Aplica
✚Aplicó las medidas de seguridad e higiene.			
1 Vistió la ropa de seguridad adecuada.			
2 Siguió las indicaciones del lugar de trabajo.			
3 Colocó el equipo y la herramienta en la mesa de trabajo.			
4 Revisó el funcionamiento del equipo.			
5 Abrió el equipo para su revisión.			
6 Energizó el equipo.			
7 Verificó el diagrama del equipo, localizando sus componentes y los valores nominales de éstos.			
8 Comprobó los componentes hasta localizar el que presenta la falla.			
9 Aplicó pruebas de diagnóstico de fallas al componente para verificar su estado operativo.			

DIAGNÓSTICO DE FALLAS EN EQUIPOS ELECTRÓNICOS

Desarrollo	Sí	No	No Aplica
10 Anotó los valores obtenidos en la hoja de inspección.			
11 Sustituyó el componente por uno de similares características, pero en buen estado.			
12 Comprobó los valores del nuevo componente.			
13 Revisó los demás componentes, en caso de que el equipo siguiera presentando falla.			
14 Repitió los pasos del diagnóstico en los demás componentes con falla.			
15 Anotó los valores obtenidos en la hoja de inspección.			
16 Anotó el o los tipos de falla encontrados y el procedimiento llevado a cabo para diagnosticarlos.			
17 Armó el equipo.			
18 Anotó los datos de la hoja de inspección en la bitácora de mantenimiento.			
19 Entregó el equipo y la herramienta utilizados.			
20 Elaboró reporte de la práctica.			
21 Limpió el área trabajo.			

Observaciones:	

PSP: _____

DIAGNÓSTICO DE FALLAS EN EQUIPOS ELECTRÓNICOS

Hora de inicio:	

Hora de término:	

Evaluación:	

Unidad de aprendizaje:	3

Práctica número:	9

Nombre de la práctica:	Identificación de falla en la fuente de alimentación.

Propósito de la práctica:	Al finalizar la práctica el alumno diagnosticará fallas en la fuente de alimentación de los equipos electrónicos.

Escenario:	Laboratorio de electrónica.

Duración:	3 h

Materiales	Maquinaria y equipo	Herramienta

- Componentes diversos (resistencias, capacitares, diodos, etc.) a juicio del PSP.
- Diagrama del equipo bajo prueba.
- Manuales de los equipo de revisión y del equipo bajo prueba.
- Estaño.
- Hoja de inspección.
- Bitácora.

- Multímetro digital.
- Osciloscopio.
- Sonda lógica.
- Inyector de señales.
- Analizador lógico de varios canales.
- Fuente de alimentación preparada para falla.
- Equipo de seguridad personal.

- Pinza de corte.
- Pinza pelacable.
- Pinza de punta.
- Cautín.
- Desoldador.
- Punzón.
- Llave ajustable.
- Desarmador de paleta.
- Desarmador de cruz.
- Juego de llaves españolas.
- Juego de llaves *allen.*

Procedimiento

Verificar:

- Medidas generales de seguridad.
- Medidas personales de seguridad.
- Disponibilidad de materiales apropiados.
- Disponibilidad de herramientas y equipo apropiados.
- Limpieza del área de trabajo.
- Seguir las indicaciones de forma precisa.

Procedimiento.

1 Utilizar la ropa de trabajo adecuada.

2 Seguir las indicaciones de seguridad del lugar de trabajo.

3 Colocar el equipo sobre la mesa de trabajo.

4 Anotar en la hoja de inspección el tipo de equipo que se va a revisar.

5 Abrir la fuente de alimentación.

6 Localizar los componentes de la fuente de alimentación con base en el diagrama del fabricante.

7 Conectar la fuente de alimentación a la corriente eléctrica para verificar las fallas en su funcionamiento.

8 Anotar en la hoja de inspección el tipo de falla que el equipo está presentando.

9 Medir los valores correspondientes a los componentes de la fuente de alimentación, comparándolos con los valores nominales especifica el fabricante.

10 Una que se haya identificado cuál es el componente que falla, aplicar pruebas de diagnóstico para verificar de qué tipo es.

11 Anotar los resultados obtenidos en la hoja de inspección.

12 Sustituir el componente con falla por otro de similares características y que se encuentre en buen estado.

13 Verificar los demás componentes para ver si presentan fallas.

14 Una vez revisados todos los componentes, anotar en la hoja de inspección los resultados obtenidos.

15 Verificar el funcionamiento general del equipo.

16 Anotar el resultado de la verificación en la hoja de inspección.

17 Armar el equipo.

18 Anotar los datos de la hoja de inspección en la bitácora.

19 Entregar el equipo.

20 Elaborar un reporte de la práctica.

21 Limpiar el área de trabajo.

Lista de cotejo de la práctica número 9:	Identificación de falla en la fuente de alimentación.

Nombre del alumno:	

Instrucciones:	A continuación se presentan los criterios que van a ser verificados en el desempeño del alumno mediante la observación del mismo. De la siguiente lista marque con una ✓ aquellas observaciones que hayan sido cumplidas por el alumno durante su desempeño.

Desarrollo	Sí	No	No Aplica
✚Aplicó las medidas de seguridad e higiene.			
1 Utilizó la ropa de trabajo adecuada.			
2 Siguió las recomendaciones de seguridad del lugar de trabajo.			
3 Colocó el equipo y las herramientas en la mesa de trabajo.			
4 Anotó en la hoja de inspección el tipo de equipo a revisar.			
5 Abrió el equipo de prueba.			
6 Energizó el equipo de prueba.			
7 Identificó el tipo de falla que presentó el equipo.			
8 Localizó los componentes del equipo en el diagrama correspondiente.			
9 Midió los valores de los componentes.			
10 Comparó los valores de los componentes con sus valores nominales.			

Desarrollo	Sí	No	No Aplica
11 Localizó el componente con falla.			
12 Registró los valores eléctricos del componente con falla en la hoja de inspección.			
13 Aplicó pruebas de diagnóstico al componente que presentó falla.			
14 Sustituyó el componente por otro en buen estado.			
15 Comprobó cada uno de los componentes restantes en busca de fallas.			
16 Siguió el procedimiento de diagnóstico con los demás componentes.			
17 Anotó en la hoja de inspección los resultados obtenidos.			
18 Comprobó el funcionamiento general del equipo.			
19 Armó el equipo de prueba.			
20 Anotó los datos de la hoja de inspección en la bitácora.			
21 Entregó el equipo y la herramienta utilizados.			
22 Elaboró reporte de la práctica.			
23 Limpió el área de trabajo.			

Observaciones:

PSP: _____

Hora de inicio:			Hora de término:			Evaluación:	

Unidad de aprendizaje:	3

Práctica número:	10

Nombre de la práctica:	Identificación de falla en transductores y amplificadores.

Propósito de la práctica:	Al finalizar la práctica el alumno aplicara el diagnóstico completo de fallas en los equipos electrónicos seleccionados

Escenario:	Laboratorio de electrónica.

Duración:	3 h

Materiales	Maquinaria y equipo	Herramienta
▪ Cables de prueba. ▪ Manuales de fabricantes. ▪ Hojas blancas. ▪ Lápices. ▪ Diagramas de equipos de prueba. ▪ Manuales de los equipos de prueba.	• Multímetro digital. • Osciloscopio. • Generador de impulsos lógicos. • Sonda lógica. • Calibrador de procesos. • Fuente de poder. • Transductor de presión con falla. • Equipo de prueba para transductor de presión. • Equipo de seguridad personal.	• Pinza de corte. • Pinza pelacable. • Pinza de punta. • Cautín. • Desoldador. • Punzón. • Llave ajustable. • Desarmador de paleta. • Desarmador de cruz. • Juego de llaves españolas. • Juego de llaves *allen*.

Procedimiento

Verificar:

- Medidas generales de seguridad.
- Medidas personales de seguridad.
- Disponibilidad de materiales apropiados.
- Disponibilidad de herramientas y equipo apropiados.
- Limpieza del área de trabajo.
- Seguir las indicaciones de forma precisa.

Procedimiento.

1 Utilizar la ropa y equipo de trabajo.

2 Seguir las indicaciones de seguridad del equipo de trabajo.

3 Colocar el equipo y las herramientas sobre la mesa de trabajo.

4 Montar el equipo de prueba del transductor de presión.

5 Aplicar pruebas al transductor de presión.

6 Medir los valores de los parámetros del transductor.

7 Analizar el tipo de falla que presenta.

8 Conectar las terminales del transductor al osciloscopio y analizar la señal que se muestra.

9 Anotar la falla detectada en la hoja de inspección.

10 Desmontar el transductor y verificar sus componentes.

11 Localizar el componente con falla y sustituirlo.

12 Armar el transductor.

13 Conectar las terminales del transductor al calibrador de procesos.

14 Verificar con el calibrador de procesos los valores correctos para el transductor de presión.

15 Anotar los resultados del procedimiento en la hoja de inspección.

16 Montar el transductor.

17 Verificar el funcionamiento del transductor.

18 Anotar los resultados en la hoja de inspección.

19 Desmontar el equipo de prueba.

20 Entregar el equipo.

21 Anotar los datos de la hoja de inspección en la bitácora.

22 Elaborar reporte de la práctica.

23 Limpiar el área de trabajo.

Lista de cotejo de la práctica número 10:	Identificación de falla en transductores y amplificadores.

Nombre del alumno:	

Instrucciones:	A continuación se presentan los criterios que van a ser verificados en el desempeño del alumno mediante la observación del mismo. De la siguiente lista marque con una ✓ aquellas observaciones que hayan sido cumplidas por el alumno durante su desempeño.

Desarrollo	Sí	No	No Aplica
✚Aplicó las medidas de seguridad e higiene.			
1 Utilizó la ropa y equipo de trabajo.			
2 Siguió las indicaciones de seguridad.			
3 Colocó el equipo y herramientas a utilizar.			
4 Colocó el equipo de prueba para el transductor.			
5 Comprobó el funcionamiento del transductor.			
6 Verificó los valores del transductor.			
7 Identificó la falla en el transductor.			
8 Desmontó y desarmó el transductor.			
9 Identificó el componente del transductor con falla.			
10 Sustituyó el componente por otro en buen estado.			
11 Armó y colocó el transductor en el equipo de prueba.			
12 Verificó el funcionamiento del transductor.			
13 Anotó los resultados en la hoja de inspección.			

14 Entregó el equipo y herramienta utilizados.			
15 Anotó los datos de la hoja de inspección en la bitácora.			
16 Limpió el área de trabajo.			

Observaciones:

PSP: _____

Hora de inicio:		**Hora de término:**		**Evaluación:**	

Unidad de aprendizaje:	3

Práctica número:	11

Nombre de la práctica:	Identificación de falla en transmisión y recepción de señales.

Propósito de la práctica:	Al finalizar la práctica el alumno diagnosticará fallas en las etapas de transmisión y recepción de señales.

Escenario:	Laboratorio de electrónica.

Duración:	3 h

Materiales	Maquinaria y equipo	Herramienta
• Hojas blancas. • Lápices. • Juego de geometría. • Cables de diversos tipos. • Manuales del equipo de prueba. • Diagramas del equipo de prueba. • Hoja de inspección. • Bitácora.	• Equipo electrónico de prueba con fallas en la transmisión y recepción de señales. • Multímetro. • Sonda lógica. • Osciloscopio. • Generador de impulsos. • Fuente de alimentación. • Equipo personal de seguridad.	• Pinza de corte. • Pinza pelacable. • Pinza de punta. • Cautín. • Desoldador. • Punzón. • Llave ajustable. • Desarmador de paleta. • Desarmador de cruz. • Juego de llaves españolas. • Juego de llaves *allen*.

Procedimiento

Verificar:

- Medidas generales de seguridad.
- Medidas personales de seguridad.
- Disponibilidad de materiales apropiados.
- Disponibilidad de herramientas y equipo apropiados.
- Limpieza del área de trabajo.
- Seguir las indicaciones de forma precisa.

Procedimiento.

1 Utilizar la ropa y el equipo de seguridad adecuado.
2 Seguir las indicaciones de seguridad del lugar de trabajo.
3 Colocar el equipo y la herramienta sobre la mesa de trabajo.
4 Anotar en la hoja de inspección el tipo de equipo que se va a revisar.
5 Abrir el equipo de prueba.
6 Energizar el equipo de prueba.
7 Revisar el diagrama del equipo de prueba.
8 Localizar las etapas de transmisión y recepción del equipo de prueba.
9 Copiar el diagrama de las etapas de transmisión y recepción, resaltando sus componentes y los valores que se especifican en el manual del fabricante.
10 Aplicar pruebas a las etapas de transmisión y recepción del equipo, identificando cuál es la falla que presenta.
11 Anotar el tipo de falla en la hoja de inspección.
12 Verificar el funcionamiento de los componentes de las etapas de transmisión y recepción, midiendo sus valores eléctricos.
13 Anotar los resultados de las verificaciones.
14 Aplicar pruebas de diagnóstico de fallas en los componentes de las etapas, para localizar el componente con falla.
15 Sustituir el componente con falla, por otro en buen estado.
16 Verificar los valores del componente nuevo.
17 Realizar el mismo procedimiento para los demás componentes de las etapas.
18 Conectar el osciloscopio a la etapa de transmisión del equipo, y verificar las variables de frecuencia, fase, tiempo y forma de onda de la señal.
19 Anotar los resultados obtenidos.
20 Comprobar que los valores mostrados sean correctos, de acuerdo a las especificaciones del fabricante.
21 Armar el equipo.
22 Anotar todas las observaciones en la hoja de inspección.
23 Entregar el equipo.
24 Copiar los datos de la hoja de inspección en la bitácora.
25 Elaborar reporte de la práctica.
26 Limpiar el área de trabajo.

Lista de cotejo de la práctica número 11:	Identificación de falla en transmisión y recepción de señales.

Nombre del alumno:	

Instrucciones:	A continuación se presentan los criterios que van a ser verificados en el desempeño del alumno mediante la observación del mismo. De la siguiente lista marque con una ✓ aquellas observaciones que hayan sido cumplidas por el alumno durante su desempeño.

Desarrollo	Sí	No	No Aplica
✚Aplicó las medidas de seguridad e higiene.			
1. Utilizó la ropa y el equipo de seguridad adecuado.			
2. Siguió las indicaciones de seguridad del lugar de trabajo.			
3. Colocó el equipo y la herramienta en la mesa de trabajo.			
4. Abrió el equipo de prueba.			
5. Localizó en el diagrama las etapas de transmisión y recepción.			
6. Localizó en el equipo las etapas de transmisión y recepción.			
7. Verificó el funcionamiento del equipo.			
8. Identificó el tipo de falla en el funcionamiento del equipo.			
9. Verificó los valores eléctricos de los componentes del equipo.			
10. Anotó los resultados obtenidos.			

Desarrollo	Sí	No	No Aplica
11. Localizó el componente con falla.			
12. Aplicó pruebas de diagnóstico de fallas al componente.			
13. Sustituyó el componente por otro en buen estado.			
14. Verificó el estado operativo de los demás componentes.			
15. Anotó los resultados en la hoja de inspección.			
16. Conectó la etapa de transmisión al osciloscopio.			
17. Verificó las características de la señal de la etapa de transmisión.			
18. Comprobó que los valores de la señal fueran correctos, de acuerdo con las especificaciones del fabricante.			
19. Armó el equipo.			
20. Anotó los resultados obtenidos.			
21. Entregó el equipo.			
22. Copió los datos de la hoja de inspección en la bitácora.			
23. Elaboró reporte de la práctica.			
24. Limpió el área de trabajo.			

Observaciones:	

PSP: _____

Hora de inicio:		Hora de término:		Evaluación:	

RESUMEN DEL CAPÍTULO III

En este tercer capítulo, el propósito principal es que integres los conocimientos que adquiriste en los dos capítulos anteriores para que puedas arribar a la planeación e implementación de un proceso de diagnóstico de fallas que está organizado en cuatro etapas; la administrativa, la de verificación, la de dictaminación y la de documentación.

Para lograrlo, la propuesta a lo largo del capítulo fue la de colocarte en situaciones semejantes a las que se presentan en el campo de trabajo, es decir, pensando en la organización de una empresa o de un taller, en un área de mantenimiento o en una persona responsable de hacer el diagnóstico y reparación de las fallas en equipos de uso común, ya sea en el sector productivo o a nivel doméstico.

La intención es que quedara claro que cualquier caso de diagnóstico debe seguir los mismos principios generales: partir de un reporte de la falla en el que se aluda a algún síntoma de mal funcionamiento del equipo y hacer una orden de servicio en la que se autorice

la revisión y reparación del mismo por quien corresponda (*grosso modo*, ésta es la etapa administrativa).

Continuar entonces con la etapa de verificación del equipo, mediante lo que se conoce como a inspección visual y la aplicación de pruebas básicas encaminadas a identificar cuál es el componente que está dañado.

La tercera etapa es, sin duda, la más importante y compleja; es la etapa de dictaminación del fallo. Durante su desarrollo, deben aplicarse las pruebas de funcionamiento, registrarse los datos, hacerse la valoración de los síntomas, detectarse los fallos y sus causas y, comparar el funcionamiento que presenta el equipo con el funcionamiento normal que debiera tener.

Para emprender la etapa de diagnóstico es necesario revisar la ficha técnica y los manuales del fabricante, así como seleccionar las herramientas y equipos que se utilizarán para hacer el diagnóstico pero, sobre todo, es indispensable que apliques tus conocimientos para que puedas hacer una buena interpretación de los datos y una adecuada selección de los instrumentos.

Para que la etapa de dictaminación de fallos sea más eficiente, en este capítulo se presentaron algunas recomendaciones importantes para hacer el diagnóstico de las fuentes de alimentación y también de los componentes modulares del equipo.

En el primer caso, se destacó la importancia de hacer un diagnóstico de cada una de las etapas que implica la operación de la fuente: transformación, rectificación, filtrado y regulación de la señal. Asimismo, se reiteró la conveniencia de revisar que los conectores y toma-corrientes se encuentren en buen estado para descartar que el fallo se deba a problemas en los cables, clavijas y enchufes.

Respecto al diagnóstico de fallas en los componentes modulares, se expuso el caso de los transductores y el de los circuitos de transmisión y recepción de señales.

Seguramente después de haber estudiado este capítulo te habrás dado cuenta de la enorme importancia de los transductores, pues al poder convertir la magnitud de una variable física en una señal eléctrica proporcional, incrementan considerablemente las posibilidades de manejar variables de distintos tipos.

Los transductores pueden funcionar bajo principios analógicos o principios digitales. Su importancia se pone de manifiesto con la siguiente lista de transductores de uso común: termopares, acelerómetros, vibrómetros piezoeléctricos, potenciómetro, foto-resistencia, termómetro de resistencia de platino, anemómetro de alambre caliente, alambre vibrante y transductores codificadores de posición lineal o angular. Un apoyo adicional para tu preparación como profesional técnico fue la descripción de la sintomatología de fallas comunes en los transductores.

De la modo similar al anterior, el abordaje de los circuitos generadores y receptores de señales incluyó tanto la descripción de la sintomatología de fallas, como la explicación de la forma en que operan estos circuitos para acoplar la señal que reciben y la manera de hacer el diagnóstico de fallas de los mismos.

Este tercer capítulo sirvió para hacer un cierre acorde con el objetivo general del curso: que puedas hacer el diagnóstico de las fallas que presenten los equipos electrónicos industriales, con base en la documentación del fabricante y en los procedimientos más adecuados para tal efecto.

AUTOEVALUACIÓN DE CONOCIMIENTOS DEL CAPÍTULO 3

1. ¿De qué se encarga el área de mantenimiento?

2. ¿Qué tipo de documento proporciona la primera información acerca del equipo y de la falla que presenta?

3. ¿Qué es una orden de servicio?

4. ¿Cuál es el primer paso en la inspección de los equipos, para poder precisar una falla?

5. ¿Qué fallas pueden localizarse mediante la vista?

6. ¿Cuál es el primer paso en la etapa de dictaminación del diagnóstico de fallas?

7. ¿Qué tipo de herramientas y equipos son necesarios durante la inspección de un equipo electrónico?

8. Menciona tres tipos de pruebas de detección de fallas en equipos y componentes electrónicos.

9. Explica en qué consiste la técnica de sustitución.

10. Describe cómo se realiza la "Conexión en puente".

11. ¿Qué son las derivaciones?

12. ¿En qué tipo de registro deben anotarse los resultados de la medición de los parámetros eléctricos anormales?

13. ¿Cuáles son las etapas por las que pasa la corriente en una fuentes de alimentación?

14. ¿Qué tipo de componente electrónico se encarga de la etapa de rectificación?

15. ¿Qué es el rizado?

16. ¿Cuál es el primer paso en el diagnóstico de fallas en las fuentes de alimentación?

17. ¿Qué tipo de cuidados se deben tener cuando se trabaja con equipos electrónicos?

18. ¿Qué componentes pueden presentar falla en la etapa de rectificación?

19. ¿Cómo se pueden clasificar los transductores?

20. Menciona cuál es la sintomatología de las fallas en transductores.

21. Menciona tres tipos de circuitos de transmisión y recepción de señal.

22. ¿Qué significa la regeneración de la señal?

RESPUESTAS A LA AUTOEVALUACIÓN DEL CAPÍTULO 3

1. El área de mantenimiento es la encargada de conservar en condiciones óptimas de operación los equipos e instalaciones presentes en toda la organización.

2. La solicitud de revisión de equipo.

3. Es un documento administrativo dirigido al personal de mantenimiento para que se lleve a cabo una revisión o reparación en algún equipo.

4. Realizar una inspección visual, es decir, llevar a cabo una revisión general por medio de los sentidos.

5. Resistencias quemadas o carbonizadas, componentes derretidos, desprendidos o rotos.

6. Ajustar todos los controles del equipo a sus condiciones normales de operación.

7. Herramienta básica:

   Juego de desarmadores, de punta plana y de punta Phillips.

   Pinzas, alicates, pinzas especiales de corte.

   Juego de llaves (española, estrías, *allen*, según sea el caso).

   Equipo de soldadura para componentes electrónicos.

   Cables, terminales estilo caimán.

   Cortador.

   Cinta para aislar.

   Equipo básico:

Multímetro, de preferencia digital.

Punta lógica

Secador de cabello o alguna fuente que genere calor

Osciloscopio, generador de funciones, etc.

8. Mediciones del voltaje.

Mediciones del amperaje.

Mediciones de la resistencia.

La sustitución o cambio de repuestos.

Conexiones en puente.

La aplicación de calor.

La aplicación de enfriamiento.

La inyección o investigación de señales.

Los probadores de partes componentes, las lámparas de pruebas.

Soldar nuevamente, ajustar, etc.

Derivaciones.

9. La técnica de sustitución consiste simplemente en el cambio de una parte componente que se supone defectuosa por una parte de repuesto en buenas condiciones. Este método le ahorra tiempo valioso al técnico y le evita contrariedades.

10. Cuando se supone que una parte componente tiene fallas, se tiende una conexión desde el circuito, usando una parte componente en buenas condiciones,

para "saltar" la parte componente que supuestamente está fallando. Esta técnica, denominada " conexión en puente" también permite ahorrar tiempo en el diagnóstico y corrección de fallas.

11.   Las derivaciones constituyen una técnica para localizar posibles fallas; al aplicarla es necesario desenchufar uno de los diversos circuitos. Mediante "el corte" o desconexión de un transistor, puede observarse su efecto en el funcionamiento total del circuito, y de esta manera pueden localizarse fallas.

12. En el registro de las desviaciones.

13. Transformación, rectificación, filtrado y regulación.

14. Diodo rectificador.

15.   El rizado, algunas veces llamado fluctuación o *ripple,* es la pequeña componente de corriente alterna que queda luego de rectificarse una señal.

16. El primer paso en el diagnóstico de fallas respecto de las fuentes de alimentación es verificar el buen estado de los conectores o enchufes, y de los cables tomacorrientes.

17. Siempre que sea posible, se debe trabajar con el equipo desconectado de la corriente eléctrica. Cuando no se posible desconectarlo, es indispensable asegurarse de que ninguna parte del cuerpo esté en contacto con algún conductor de corriente dentro de la fuente. Es importante evitar el uso de pulseras, collares y relojes metálicos, ya que por el tipo de material de que están hechos pueden conducir la corriente eléctrica, y si entran en contacto con elementos metálicos del equipo se corre el riesgo de sufrir una descarga eléctrica.

18. Los diodos rectificadores.

19.   De acuerdo con su funcionamiento, los transductores se pueden clasificar en analógicos y digitales. Los transductores analógicos pueden ser autogeneradores

o de parámetros variables. Los transductores digitales pueden ser de frecuencia variable o digitales propiamente dichos.

20. Dependiendo del lugar en que estén situados, o de la función a la que son sometidos, pueden sufrir daño físico que puede inutilizarlos. Asimismo, los errores de calibración en su arquitectura interna derivarán en señales incorrectas, lo que puede afectar el funcionamiento de los sistemas que dependan de la información que el transductor les proporcione. También puede darse el caso de que una variación brusca en la magnitud que está midiendo provoque una señal eléctrica de voltaje anormal, lo que puede dañar los componentes internos del equipo receptor de la señal.

21. Fuente, codificador, encriptador, modulador, demodulador, desencriptador, decodificador.

22. La señal que llega distorsionada y plagada de ruido pasa por un amplificador ecualizador y restaurador el cual se encarga de aumentar el nivel de la señal y de restablecer el ancho de banda original de los impulsos que han sufrido retardo de tiempo.

Después de la restauración, la señal es muestreada y presentada a un comparador que decide si se transmitió un UNO o un CERO. Si la señal $Vo = U$ (umbral de comparación), el comparador produce un UNO; si la señal $Vo < U$, el comparador produce un CERO.

GLOSARIO DE TÉRMINOS DE E–CBNC

Campo de aplicación Parte constitutiva de una Norma Técnica de Competencia Laboral que describe el conjunto de circunstancias laborales posibles en las que una persona debe ser capaz de demostrar dominio sobre el elemento de competencia. Es decir, el campo de aplicación describe el ambiente laboral donde el individuo aplica el elemento de competencia y ofrece indicadores para juzgar que las demostraciones del desempeño son suficientes para validarlo.

Competencia laboral Aptitud de un individuo para desempeñar una misma función productiva en diferentes contextos y con base en los requerimientos de calidad esperados por el sector productivo. Esta aptitud se logra con la adquisición y desarrollo de conocimientos, habilidades y capacidades que son expresados en el saber, el hacer y el saber–hacer.

Criterio de desempeño Parte constitutiva de una Norma Técnica de Competencia Laboral que se refiere al conjunto de atributos que deberán presentar tanto los resultados obtenidos, como el desempeño mismo de un elemento de competencia; es decir, el cómo y el qué se espera del desempeño. Los criterios de desempeño se asocian a los elementos de competencia. Son una descripción de los requisitos de calidad para el resultado obtenido en el desempeño laboral; permiten establecer si se alcanza o no el resultado descrito en el elemento de competencia.

Elemento de Es la descripción de la realización que debe ser lograda por

competencia una persona en al ámbito de su ocupación. Se refiere a una acción, un comportamiento o un resultado que se debe demostrar por lo tanto es una función realizada por un individuo. La desagregación de funciones realizada a lo largo del proceso de análisis funcional usualmente no sobrepasa de cuatro a cinco niveles. Estas diferentes funciones, cuando ya pueden ser ejecutadas por personas y describen acciones que se pueden lograr y resumir, reciben el nombre de elementos de competencia.

Evidencia de conocimiento	Parte constitutiva de una Norma Técnica de Competencia Laboral que hace referencia al conocimiento y comprensión necesarios para lograr el desempeño competente.
	Puede referirse a los conocimientos teóricos y de principios de base científica que el alumno y el trabajador deben dominar, así como a sus habilidades cognitivas en relación con el elemento de competencia al que pertenecen.
Evidencia por producto	Hacen referencia a los objetos que pueden usarse como prueba de que la persona realizó lo establecido en la Norma Técnica de Competencia Laboral. Las evidencias por producto son pruebas reales, observables y tangibles de las consecuencias del desempeño.
Evidencia por desempeño	Parte constitutiva de una Norma Técnica de Competencia Laboral, que hace referencia a una serie de resultados y/o productos, requeridos por el criterio de desempeño y delimitados por el campo de aplicación, que permite probar y evaluar la competencia del trabajador. Cabe hacer notar que en este apartado se incluirán las manifestaciones que correspondan a las denominadas habilidades sociales del trabajador. Son descripciones sobre

variables o condiciones cuyo estado permite inferir que el desempeño fue efectivamente logrado. Las evidencias directas tienen que ver con la técnica utilizada en el ejercicio de una competencia y se verifican mediante la observación. La evidencia por desempeño se refiere a las situaciones que pueden usarse como pruebas de que el individuo cumple con los requerimientos de la Norma Técnicas de Competencia Laboral.

Evidencia de actitud Las Normas Técnicas de Competencia Laboral incluyen también la referencia a las actitudes subyacentes en el desempeño evaluado.

Formación ocupacional Proceso por medio del cual se construye un desarrollo individual referido a un grupo común de competencias para el desempeño relevante de diversas ocupaciones en el medio laboral.

Módulo ocupacional Unidad autónoma integrada por unidades de aprendizaje con la finalidad de combinar diversos propósitos y experiencias de aprendizaje en una secuencia integral de manera que cada una de ellas se complementa hasta lograr el dominio y desarrollo de una función productiva.

Norma Técnica de Documento   en   el   que   se   registran   las especificaciones

Competencia Laboral con base en las cuales se espera sea desempeñada una función productiva. Cada Norma Técnica de Competencia Laboral esta constituida por unidades y elementos de competencia, criterios de desempeño, campo de aplicación y evidencias de desempeño y conocimiento.

GLOSARIO DE TÉRMINOS DE E–CBCC

Competencias contextualizadas	Metodología que refuerza el aprendizaje, lo integra y lo hace significativo.

Competencias Laborales	Se definen como la aptitud del individuo para desempeñar una misma función productiva en diferentes contextos y con base en los requerimientos de calidad esperados por el sector productivo. Esta aptitud se logra con la adquisición y desarrollo de conocimientos, habilidades y capacidades que son expresadas en el saber, el saber hacer, el saber ser y el saber estar.
Competencias básicas	Son las que identifican el saber y el saber hacer en los contextos científico teórico, tecnológico, analítico y lógico.
Competencias Analíticas	Estas hacen referencia a los procesos cognitivos internos necesarios para simbolizar, representar ideas, imágenes, conceptos u otras abstracciones. Dotan al alumno de habilidades para inferir, predecir e interpretar resultados.
Competencias Científico – Teóricas	Son las que le confieren a los alumnos habilidades para la conceptualización de principios, leyes y teorías, para la comprensión y aplicación a procesos productivos; y propician la transferencia del conocimiento.
Competencias Lógicas	Se refieren a las habilidades de razonamiento que le permiten analizar la validez de teorías, principios y argumentos, así mismo, le facilitan la comunicación oral y escrita. Estas habilidades del pensamiento le permiten pasar del sentido común a la lógica propia de las ciencias. En estas competencias se encuentra también el manejo de los idiomas.

Competencias Tecnológicas	Hacen referencia a las habilidades, destrezas y conocimientos para la comprensión de las tecnologías en un sentido amplio, que permite desarrollar la capacidad de adaptación en un mundo de continuos cambios tecnológicos.
Competencias clave	Son las que identifican el saber, el saber hacer, el saber ser y el saber hacer; en los contextos de información, ambiental, de calidad, emprendedor y para la vida.
Competencias para la sustentabilidad	Se refieren a la aplicación de conceptos, principios y procedimientos relacionados con el medio ambiente, para el desarrollo autosustentable.
Competencias de Calidad	Se refieren a la aplicación de conceptos y herramientas de las teorías de calidad total y de aseguramiento de la calidad, y su relación con el ser humano.
Competencias Emprendedoras	Son aquellas que se asocian al desarrollo de la creatividad, fomento del autoempleo y fortalecimiento de la capacidad de autogestoría.
Competencias de información	Se refieren a las habilidades para la búsqueda y utilización de diversas fuentes de información, y capacidad de uso de la informática y las telecomunicaciones.
Competencias para la vida	Competencias referidas al desarrollo de habilidades y actitudes sustentadas en los valores éticos y sociales. Permiten fomentar la responsabilidad individual, la

colaboración, el pensamiento crítico y propositivo y la convivencia armónica en sociedad.

Contextualización	Puede ser entendida como la forma en que, al darse el proceso de aprendizaje, el sujeto establece una relación activa del conocimiento y sus habilidades sobre el objeto desde un contexto científico, tecnológico, social, cultural e histórico que le permite hacer significativo su aprendizaje, es decir, el sujeto aprende durante la interacción social, haciendo del conocimiento un acto individual y social. *Esta contextualización* de las competencias le permite al educando establecer una relación entre lo que aprende y su realidad, reconstruyéndola.
Matriz de competencias	Describe las competencias laborales, básicas y claves que se contextualizan como parte de la metodología que refuerza el aprendizaje, lo integra y lo hace significativo.
Matriz de contextualización	Presenta de manera concentrada, las estrategias sugeridas a realizar a lo largo del módulo para la contextualización de las competencias básicas y claves con lo cual, al desarrollarse el proceso de aprendizaje, se promueve que el sujeto establezca una relación activa del conocimiento sobre el objeto desde situaciones científicas, tecnológicas, laborales, culturales, políticas, sociales y económicas.
Módulo autocontenido	Es una estructura integral multidisciplinaria y autosuficiente de actividades de enseñanza-aprendizaje, que permite alcanzar objetivos educacionales a través de la interacción del alumno con el objeto de conocimiento.
Módulos	Están diseñados para atender la formación vocacional

autocontenidos transversales	genérica en un área disciplinaria que agrupa varias carreras.
Módulos autocontenidos específicos	Están diseñados para atender la formación vocacional y disciplinaria en una carrera específica.
Módulos autocontenidos optativos	Están diseñados con la finalidad de atender las necesidades regionales de la formación vocacional.
	A través de ellos también es posible que el alumno tenga la posibilidad de cursar un módulo de otra especialidad que le sea compatible y acreditarlo como un módulo optativo.

Módulos integradores	Conforman una estructura ecléctica que proporciona los conocimientos disciplinarios científicos, humanísticos y sociales orientados a alcanzar las competencias de formación genérica. Apoyan el proceso de integrac ión de la formación vocacional u ocupacional, proporcionando a los alumnos los conocimientos científicos, humanísticos y sociales de carácter básico y propedéutico, que los formen para la vida en el nivel de educación media superior, y los preparen para tener la opción de cursar estudios en el nivel de educación superior. Con ello, se avala la formación de bachiller, de naturaleza especializada y relacionada con su formación profesional.
Unidades de aprendizaje	Especifican los contenidos a enseñar, proponen estrategias tanto para la enseñanza como para el aprendizaje y la contextualización, así como los recursos necesarios para apoyar el proceso de enseñanza-aprendizaje y finalmente el tiempo requerido para su desarrollo.

GLOSARIO DE TÉRMINOS TÉCNICOS

CAPÍTULO 1

Átomo: Es la unidad más pequeña de un elemento químico que mantiene su identidad o sus propiedades, y que no es posible dividir mediante procesos químicos. El átomo se compone de un núcleo de carga positiva formado por protones y neutrones, ambos conocidos como nucleones, alrededor del cual se encuentran una nube de electrones de carga negativa.

Actuador: Dispositivo que controla directamente los valores de la variable manipulada en un lazo de control. Los actuadores son de tipo eléctrico, neumático o hidráulico.

Aislante eléctrico: Cualquier material con escasa conductividad eléctrica.

Carga: La carga eléctrica es una propiedad fundamental de algunas partículas sub-atómicas, que determina las interacciones electromagnéticas entre ellas.

Circuito: Conjunto de componentes conectados eléctricamente entre sí con el propósito de generar, transportar o modificar señales eléctricas.

Conductor: Un conductor eléctrico es cualquier material que ofrezca poca resistencia al flujo de electricidad.

Electrodo: Un electrodo es un conductor utilizado para hacer contacto con una parte no metálica de un circuito, por ejemplo un semiconductor, un electrolito, el vacío (en una válvula termoiónica), un gas (en una lámpara de neón), etc.

Espasmo: Se trata de una contracción involuntaria de los músculos que puede provocar que se endurezcan o se abulten.

Ignífugo: Se dice de la sustancia química que hace ininflamable la materia combustible.

Ión: Se conoce como ión a un átomo o una molécula cargados eléctricamente, debido a que ha ganado o perdido electrones de su dotación normal, lo que se conoce como ionización.

Frecuencia: En física el término frecuencia se utiliza para indicar la velocidad de repetición de cualquier fenómeno periódico. Se define como el número de veces que se repite un fenómeno en la unidad de tiempo.

Fibrilación: Grave trastorno del ritmo y de la contractilidad del corazón.

Impedancia: La impedancia es la oposición que presenta un circuito al paso de la corriente alterna.

Lazo:	Combinación de uno o más instrumentos o funciones de control que señalan el paso de uno a otro con el propósito de medir y/o controlar las variables de un proceso.
Rotor:	El rotor es la parte giratoria de una máquina.
Tensión:	La tensión o diferencia de potencial entre dos puntos (1 y 2) de un campo eléctrico es igual al trabajo que realiza dicho campo sobre la unidad de carga positiva para transportarla desde el punto 1 al punto 2.

CAPÍTULO 2

Bitácora:.	Suele denominarse bitácora al registro cronológico de sucesos o de condiciones relacionados con algún propósito
Calibración:	Calibración es el procedimiento de comparación entre lo que indica un instrumento y lo que "debiera indicar" de acuerdo a un patrón de referencia con valor conocido.
Capacitancia:	Se denomina capacitancia a la capacidad o propiedad de un conductor de adquirir carga eléctrica cuando es sometido a un

	potencial eléctrico con respecto a otro en estado neutro.
Continuidad:	Se define la continuidad eléctrica como la presencia de corriente en cualquier sección de un conductor o de un circuito, medido entre dos puntos cualesquiera del mismo.
Corriente alterna:	Se denomina corriente alterna (abreviada CA en castellano y AC en inglés) a la corriente eléctrica en la que la magnitud y dirección varían cíclicamente. La forma de onda de la corriente alterna más comúnmente utilizada es la de una onda senoidal.
Corriente continua:	La corriente continua (CC) es el flujo continuo de electricidad a través de un conductor entre dos puntos de distinto potencial. Es continua toda corriente que mantenga siempre la misma polaridad.
Diagrama:	Un diagrama es una representación gráfica general de un sistema, equipo o proceso.
Escala:	Conjunto de valores numéricos que sirven para cuantificar magnitudes medibles.
Mantenimiento:	Se define el mantenimiento como el conjunto de acciones cuyo fin es conservar algún tipo de máquina, equipo o sistema en buenas condiciones.
Polaridad:	Propiedad que permite distinguir el polo positivo del negativo en un generador eléctrico.
Régimen:	Modo habitual en que ocurre o se produce algo.
Señal:	Una señal es la variación de una corriente eléctrica u otra magnitud física que se utiliza para transmitir información.
Sistema:	Conjunto organizado de ideas, cosas, medios, etc. que contribuyen

	a un mismo objetivo.
Vacío:	En Física se denomina así al espacio donde hay ausencia de materia. Por extensión se suele denominar así también a los espacios cuya densidad de aire y partículas es muy baja, como, por ejemplo, el espacio interestelar o vacío interestelar.
Vibraciones:	Se denomina vibración a la deformación periódica de un sistema mecánico.

CAPÍTULO 3

Acelerómetro:	Un transductor, cuya salida eléctrica es directamente proporcional a la aceleración en un rango ancho de frecuencias.
Cíclico:	Relativo a un ciclo, o que opera en él.
Desviaciones:	Diferencia entre el valor de un dato, y el valor medio o normal de éste.
Empalme:	Conexión eléctrica, especialmente de dos cables conductores.
Encriptación:	Es el proceso mediante el cual cierta información es cifrada de forma que el resultado sea ilegible a menos que se conozcan los datos necesarios para su interpretación.
Inspección:	Vigilar el buen funcionamiento de algo.
Modulador:.	Circuito que hace uso de técnicas para transportar información sobre una onda portadora, típicamente una onda senoidal
Parámetro:	Variable que adquiere un valor después de un proceso de medición.

Piezoeléctrico:	Materiales que al ser sometidos a tensiones mecánicas adquieren una polarización en su masa, apareciendo una diferencia de potencial y cargas eléctricas en su superficie, y que se deforman bajo la acción de fuerzas internas al ser sometidos a un campo eléctrico.
Rectificación:	Se le denomina rectificación al proceso de convertir corriente alterna en corriente continua, mediante el uso de diodos rectificadores.
Ruido:	El ruido es considerado como una señal no esperada que puede alterar los resultados deseados en cualquier transmisión de señales.
Transductor:	Un transductor es un dispositivo capaz de transformar / convertir un determinado tipo de energía de entrada, en otra diferente de salida.
Vibrómetro:	Tipo de transductor que permite analizar componentes vibratorios, máquinas e instalaciones.

REFERENCIAS DOCUMENTALES

- Cughlin, Robert F. Amplificadores operacionales y circuitos integrados lineales. México, Pearson Educación. 1999.

- Boylestad, Robert y Louis Nashelsky. Fundamentos de Electrónica. México, Prentice – Hall.1995

- Maloney, Timothy J. Electrónica Industrial Moderna. Tercera edición; México, Prentice – may, 1997.

- Mileaf, Harry. Electrónica, serie 1–7. Editorial Limusa, México 1995.

- Rodríguez V., Luis Alfonso. Electrónica Digital Moderna. Tomo 2. Compañía Editorial Tecnológica (CEKIT), Colombia 1999.

Páginas Web:

- http://www.national.com/
- www.semiconductor.agilent.com
- http://www.motorola.com/
- http://users.otenet.gr/~athsam/
- http://www.comunidadelectronicos.com